U0342468

钢管超高强混凝土组合构件力学性能

周孝军　赵艺程　著

北　京

冶金工业出版社

2024

内 容 提 要

本书从超高强混凝土自身力学特性出发，并考虑钢管超高强混凝土组合构件含钢率高的特点，通过模型试验与数值分析，介绍了钢材强度、含钢率、混凝土强度等对钢管超高强混凝土（C80~C100）受压、受弯与受剪承载能力、破坏过程与破坏模式以及后期变形行为的影响规律，揭示其受压、受弯与受剪力学行为，并建立其力学参数取值方法与承载力计算方法，为钢管超高强混凝土结构的设计与计算分析及工程推广应用提供理论支撑。

本书可供从事钢结构、钢-混凝土组合结构、混凝土材料领域的工程技术人员以及科研人员使用，也可供高等院校土木工程专业、建筑专业的师生参考。

图书在版编目（CIP）数据

钢管超高强混凝土组合构件力学性能／周孝军，赵艺程著. -- 北京：冶金工业出版社，2024.5. -- ISBN 978-7-5024-9952-5

Ⅰ. TU528.59

中国国家版本馆 CIP 数据核字第 2024WK4287 号

钢管超高强混凝土组合构件力学性能

出版发行	冶金工业出版社	电　话	(010)64027926
地　址	北京市东城区嵩祝院北巷 39 号	邮　编	100009
网　址	www.mip1953.com	电子信箱	service@mip1953.com

责任编辑　任咏玉　杨　敏　美术编辑　彭子赫　版式设计　郑小利
责任校对　李欣雨　责任印制　窦　唯
北京建宏印刷有限公司印刷
2024 年 5 月第 1 版，2024 年 5 月第 1 次印刷
710mm×1000mm　1/16；9.75 印张；186 千字；143 页
定价 69.00 元

投稿电话　(010)64027932　投稿信箱　tougao@cnmip.com.cn
营销中心电话　(010)64044283
冶金工业出版社天猫旗舰店　yjgycbs.tmall.com
（本书如有印装质量问题，本社营销中心负责退换）

前　　言

钢管混凝土桥梁承载力高、抗震性好、原材料省、工程造价低、自架设性强，特别是对 V 形或 U 形地形适应性强，在西部山区发展迅速，已成为跨越河流、峡谷极具竞争力的桥型。但是现有规范只适用于核心混凝土强度等级小于等于 C80 的钢管混凝土结构，关于钢管超高强混凝土的试验与理论研究十分有限，已滞后于实际工程应用，一定程度上限制了其进一步发展与工程应用。

为此，作者以官盛渠江大桥为依托，主要针对 C100 超高强钢管混凝土的受压、受弯与受剪力学性能开展系统试验研究，通过模型试验与总结分析，探明了 C100 超高强钢管混凝土在各类荷载作用下的失效过程与破坏模式、极限承载能力、屈服后的变形能力等，揭示了钢管对超高强混凝土套箍约束作用的影响，明晰了各类基本构件的力学性能，并提出实用的力学取值方法与极限承载力计算方法。具体研究工作如下。

（1）开展了单次轴压与反复轴压试验，探讨了超高强钢管混凝土失效过程、表面破坏特征与整体破坏形态，分析了其承载能力与延性影响因素，以及屈服后承载力退化模式，提出合理含钢率和套箍系数要求，并建立钢管超高强混凝土轴压本构关系以及短柱极限承载力计算方法。

（2）探明了荷载偏心率与管内混凝土强度对超高强钢管混凝土偏压破坏形态、承载力与延性的影响规律，提出超高强钢管混凝土偏压短柱极限承载力计算方法。

（3）揭示了超高强钢管混凝土受弯破坏形态、破坏特征、截面应变分布与发展规律，阐明了管内混凝土强度对组合构件受弯承载力与变形性能的影响，提出了受弯构件极限承载力计算方法。

（4）系统研究了剪跨比、管内混凝土强度对超高强钢管混凝土受剪破坏形态、抗剪能力、变形性能、截面应变分布与发展的影响，提出抗剪极限承载力计算方法。

特别感谢四川省交通运输厅公路规划勘察设计研究院有限公司教授级高级工程师牟廷敏、武汉理工大学教授丁庆军，在本书涉及的研究中得到了两位教授的大力支持与悉心指导；同时，感谢四川省交通运输厅公路规划勘察设计研究院有限公司的教授级高级工程师范碧琨对作者给予的帮助和支持。

本书内容涉及的研究工作先后得到了国家自然科学基金项目（52008340）、教育部春晖计划项目（191643）、四川省交通科技项目（2022-A-3）等的资助，特此致谢。

本书在撰写过程中，参考了有关文献资料，在此，向文献资料的作者表示感谢。

由于作者水平所限，书中不妥之处，敬请广大读者批评指正。

作　者
2024 年 3 月

符号说明

本书中尽量使用以下统一符号，个别情况在书中加以说明：

D——钢管外径

t——钢管壁厚

L——试件长度

N——轴向荷载值

N_u——轴压承载力

N_{sc}——钢管混凝土轴压承载力

N_s——空钢管试件轴压承载力

N_c——核心混凝土轴压承载力

N_r——钢管超高强混凝土剩余承载力

N_b——钢管超高强混凝土极限承载力

M_u——抗弯承载力

V——剪力设计值

V_u——抗剪承载力

V_s——空钢管抗剪承载力

V_c——混凝土抗剪承载力

A_{sc}——钢管超高强混凝土组合截面面积

A_s——钢管的截面面积

A_s——混凝土的截面面积

α_s——钢管超高强混凝土组合截面含钢率

f_{sc}——钢管超高强混凝土轴心抗压强度设计值

τ_{sc}——钢管超高强混凝土抗剪强度设计值

E_{sc}——钢管超高强混凝土组合弹性模量

f_{cd}——混凝土轴心抗压强度设计值

f_{sd}——钢材的抗拉、抗压强度设计值

ξ——钢管超高强混凝土约束效应系数标准值

ξ_0——钢管超高强混凝土约束效应系数设计值

ξ_t——钢管超高强混凝土约束效应系数测试值

f_y——钢材屈服强度

f_b——钢材极限强度

f_c——混凝土轴心抗压强度

f_{cu}——混凝土立方体抗压强度

f_{ck}——混凝土轴心抗压强度标准值

D_u——钢管超高强混凝土轴压极限变形

D_y——钢管超高强混凝土轴压屈服变形

β_D——钢管超高强混凝土轴压延性系数

σ_{sc}——钢管超高强混凝土等效应力

ε_s——钢材应变

f_{sc}^u——钢管超高强混凝土组合峰值应力

f_{scy}——钢管超高强混凝土组合应力计算值

f_{scy}^e——钢管超高强混凝土组合应力实测值

μ_c——混凝土泊松比

ω_y——钢管超高强混凝土侧向屈服挠度

ω_u——钢管超高强混凝土侧向极限挠度

β_ω——钢管超高强混凝土侧向挠度延性系数

φ_e——弯矩折减系数

e_0——偏心距

r——钢管超高强混凝土组合截面半径

α_e——混凝土强度折减系数

λ——剪跨比

γ_v——截面抗剪修正系数

目　录

1 绪 论

1.1 背景与意义

中国西部山区地质与地形条件复杂，地震设防烈度高，高山深谷多，高速公路与铁路建设桥梁数量多、规模大，对建桥材料与桥梁结构安全提出了严峻挑战[1]。钢管混凝土是在钢管内灌注混凝土形成共同受力的一种组合结构材料，钢管"套箍"作用使组合材料承载能力提高 1.7～2.2 倍，同时混凝土用量少、施工简单、自架设能力强，是典型的高强、低碳、经济的组合结构材料，符合工程建设绿色低碳发展要求[1-5]。目前我国钢管混凝土拱桥最大跨度已达 575 m、桁式梁桥最大长度达 4300 m、组合结构桥墩（刚构桥）最大高度达 196 m；与同类型混凝土桥梁相比，钢管混凝土桥梁每公里可节约混凝土 $3×10^4$～$4×10^4$ m^3，结构自重减轻 1/3～1/2，地震作用可减小近 50%[4-5]。可见，钢管混凝土组合结构桥梁在复杂建设环境的西部山区高墩、大跨桥梁建设中具有广阔的应用前景。

然而，目前我国桥梁工程领域应用的混凝土强度普遍不高，C50～C60 强度等级的混凝土一般被认为是高强混凝土，实际工程应用的钢管混凝土主要集中在 C30～C60，现行交通行业规范、国家规程也只适用于核心混凝土强度等级小于等于 C80 的钢管混凝土[6-8]，其应用于西部山区高墩梁桥、大跨拱桥等桥梁工程，仍存在主管管径大、单管一次灌注混凝土方量高、难度大，且混凝土材料消耗多等不足；用作劲性骨架应用于大跨钢筋混凝土拱桥，因强度与刚度不够，主拱外包混凝土浇筑时分环次数多（见图 1-1）、施工周期长、安全风险高[9-10]。可见，普通钢管混凝土及其组合结构的优势在高耸化、巨型化和大跨化的山区桥梁工程中得不到有效发挥。

采用超高强钢管混凝土（混凝土强度等级大于等于 C80）是解决上述问题的有效途径之一[11-16]，通过提高管内混凝土强度，增加钢管混凝土组合结构承载力，提升施工安全性，减少材料消耗，意义重大。实际上超高强钢管混凝土已在主跨 364 m 的广元昭化嘉陵江大桥、主跨 280 m 的叙古高速磨刀溪大桥、主跨 175 m 的盐源大金河大桥等桥梁工程中已得到成功应用，钢管超高强混凝土组合结构在西部山区桥梁工程中的应用已越来越广泛（见表 1-1）。从实际工程效果来看，超高强钢管混凝土不仅可以使构件高强化，提高桥梁承载能力，简化施工

(a)

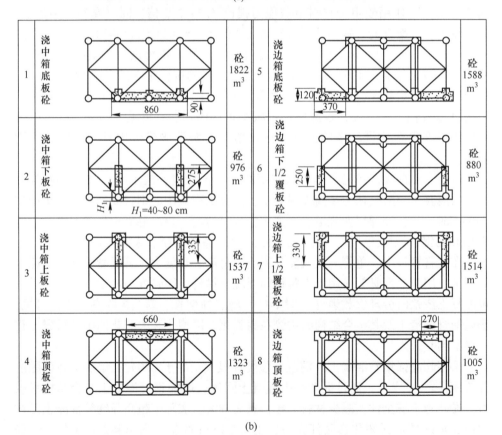

(b)

图 1-1　普通钢管混凝土主管直径大、劲性骨架外包混凝土浇筑分环次数多（mm）

（a）主管直径最大达 1.9 m；（b）普通钢管混凝土劲性骨架的外包混凝土分 8 环浇筑

工艺，还可以减小截面尺寸，节约混凝土等原材料用量，减轻结构自重，实现桥梁结构轻质化、大跨化[17-18]。

表 1-1 采用钢管超高强混凝土组合结构的典型桥梁工程

序号	桥名	结构形式	主跨/高度	建成时间	钢管型号	混凝土等级
1	新市西宁河大桥	上承式拱桥-强劲骨架	510 m	在建	Q345	C100
2	屏山岷江二桥	中承式钢管混凝土拱桥	446 m	在建	Q345	C80
3	卡哈洛金沙江大桥	悬索桥（索塔）	高 197 m	在建	Q345	C80
4	凉山金阳大桥	高墩	高 196 m	2022 年	Q345	C80
5	盐源大金河桥	上承式拱桥-强劲骨架	175 m	2020 年	Q345	C80
6	广安官盛渠江大桥	中承式拱桥-强劲骨架	320 m	2019 年	Q345	C100
7	古蔺磨刀溪大桥	上承式拱桥-强劲骨架	280 m	2016 年	Q345	C100
8	昭化嘉陵江大桥	上承式拱桥-强劲骨架	364 m	2012 年	Q345	C80
9	雅西高速腊八斤沟特大桥	高墩	高 183 m	2012 年	Q345	C80

此外，超高强钢管混凝土在城市桥梁中也有广阔的应用前景。目前城市高架桥、立交桥发展迅速，其大多用钢筋混凝土桥墩，不仅截面尺寸大、混凝土材料用量多、施工周期长，而且笨重、庞大的体型也遮挡视线，环境协调性差，影响美观（见图 1-2），如果采用超高强钢管混凝土组合结构柱墩与钢管混凝土桁式主梁，势必会大幅减小截面尺寸，减少原材料用量，简化施工，增加通透视觉效果，提升城市美感。超高强钢管混凝土的应用将是钢管混凝土结构的发展方向，既顺应国际桥梁混凝土高强化发展潮流[19]，也符合建筑结构向高耸化、大跨化与轻质化的发展要求。

图 1-2 城市高架桥混凝土桥墩

当前超高强钢管混凝土的发展与工程应用进程还较缓慢，究其原因是多方面的，但最主要的还是缺乏对其工作机理与力学行为的认识，且没有合理的计算分析理论与适用的承载力计算方法。由于混凝土强度越高，其脆性特点也越明显，超高强混凝土与普通混凝土的力学性能不同，超高强钢管混凝土与普通钢管混凝土在套箍约束效应、变形特征、破坏模式、屈服后力学行为等方面存在明显差异，不能简单套用普通钢管混凝土的设计理论与计算方法。因此，研究钢管超高强混凝土轴压、偏压、受弯与受剪力学行为，揭示钢管超高强混凝土的套箍约束效应与影响因素，建立合理的组合力学参数取值方法与极限承载力计算方法，对促进钢管混凝土结构学科进步与钢管混凝土桥梁工程的技术发展具有重要的现实意义和工程应用价值。

1.2　国内外研究现状

高强与超高强钢管混凝土具有广阔的工程应用前景，也引起了国内外科研工作者的关注，并对其力学性能进行了相关研究。

关于承载力与延性，谭克锋等[20-22]、J. Y. R Liew 与熊明祥[23-24]、Portolés J M[25]、Tao 等[26]都认为钢管超高强混凝土的轴压承载能力较普通钢管混凝土有显著提高。谭克锋等[27]的研究还表明随套箍系数增加，超高强混凝土的延性可显著改善，钢管对超高强混凝土 ($f_{cu} = 102 \sim 116$ MPa) 的约束增强效果接近对普通混凝土的增强效果。但混凝土强度越高，其脆性越明显，J. Y. R Liew[28-29]、丁发兴[30-31]等都指出钢管超高强混凝土虽具有超强的承载能力，但峰值荷载后脆性明显，达到峰值荷载前，混凝土强度越高，承载力下降越快，导致延性下降，不利于结构抗震。即使钢管内混凝土替换成掺钢纤维的 UHPC 或者 RPC，钢管混凝土短柱的轴压荷载-位移曲线也同样出现荷载突降现象[32-43]。为此，王彦博[44]、曾志伟[45]、王玉银[46]等分析了超高强钢管混凝土的轴压破坏特征与破坏机理，认为钢管超高强混凝土应采用高含钢率或高强钢材与之匹配，以提高试件的延性性能。

关于工作性能与破坏模式，顾维平等[47]通过轴压试验观测到钢管高强混凝土 (C70~C80，$f_{cu} = 75.0 \sim 85.5$ MPa) 破坏形态与普通钢管混凝土基本一致，但力学性能差异较大、延性差，尤其是在套箍系数较低时与普通钢管混凝土差别明显；韩林海等[48-49]、贺峰等[50]也认为高强钢管混凝土 (C50~C80，$f_{cu} = 75.5 \sim 85.5$ MPa) 轴压力学性能与破坏形态随套箍系数 ξ 不同均有较大差异。柯晓军等[51]指出钢管高强混凝土 (C60~C80) 在轴压荷载作用下呈腰鼓型破坏，钢管约束提高了混凝土强度与变形能力，且承载力随混凝土强度提高而增强。王力尚等[52]则发现钢管高强混凝土（C60/C75，f_{cu} = 66 MPa/80 MPa）在轴压荷载作用下的破坏为核心混凝土剪切流动导致的斜向剪切破坏。张素梅与王玉银[53-54]也通过试验观测到钢管高强混凝土短柱（C45～C70，f_{cu} = 44.1～70.9 MPa）呈剪切破坏，并分析了钢管混凝土破坏模式由常见的腰鼓形向剪切形转化的原因，同时指出钢管高强混凝土应采用高强钢材与之匹配，以缓解剪切破坏趋势，提高试件的延性性能。

理论研究方面，韩林海[49]利用数值分析方法对钢管高强混凝土（C50～C80）在轴压时的荷载-变形关系曲线进行了全过程分析。谢小松等[55]采用整体法思想，提出了钢管超高强混凝土（管内混凝土采用RPC）组合应力-应变关系曲线的理论特征参数计算方法，推导建立了其轴压应力-应变关系曲线方程。王玉银与张素梅[56]利用数值分析方法，计算出钢管高强混凝土（C45～C70，f_{cu} = 44.1～70.9 MPa）短柱在轴压荷载作用下钢管和混凝土各自受力情况，研究了钢管和核心混凝土的相互依赖关系。

承载力计算方法方面，谭克锋等[21]、顾维平等[47]、韩林海等[49]、王力尚等以普通钢管混凝土承载力计算方法为基础，基于试验研究结果，采用回归分析法对相关参数进行修正，提出了钢管高强混凝土的承载力计算方法。但这些计算方法用于钢管超高强混凝土极限承载力计算时存在一定误差，特别是钢材强度低而含钢率高时，虽然套箍系数较大，但计算结果较实测结果高。

综上可见，目前的研究主要集中于C60～C80强度等级的高强钢管混凝土，且聚焦其轴压承载力、工作性能与破坏形态等方面，认为高强钢管混凝土承载力高，钢管对核心混凝土约束效果与普通钢管混凝土相当，但承载力提高幅度小、延性相对差；并基于普通钢管混凝土承载力计算公式，通过参数修正得到高强钢管混凝土承载力计算方法。对超高强钢管混凝土（核心混凝土强度等级C80以上）受压、受弯、受剪等力学性能试验研究数据还较少。此外，目前的研究基本忽视了高强与超高强混凝土自身特性，以及含钢率、钢材强度与混凝土强度之间的匹配对其力学性能、破坏形态的影响。

为此，本书拟从超高强混凝土自身力学特性出发，并考虑其含钢率高的特点，通过模型试验与数值分析，系统深入研究钢材强度、含钢率、混凝土强度等对钢管超高强混凝土（C80～C100）受压、受弯与受剪承载能力、破坏过程与破坏模式以及后期变形行为的影响规律，揭示其受压、受弯与受剪力学行为，并建立其力学参数取值方法与承载力计算方法，为钢管超高强混凝土结构的设计与计算分析及工程推广应用提供技术支撑。

1.3　依托工程

本书的相关研究以广安官盛渠江大桥为工程依托，该桥全长793 m，主桥采用320 m钢筋混凝土中承式拱桥一跨过江，如图1-3所示；引桥长374 m，采用T型预应力简支梁架设；桥面板为钢-混凝土组合桥面板，主桥吊杆间距为12.8 m。主桥主拱采用钢筋混凝土单箱单室截面，为变截面悬链线无铰拱，净矢跨比为1/4，拱轴系数为1.5。拱顶截面径向高为3.5 m，拱脚截面径向高为6 m，肋宽为3 m。标准段顶、底板厚0.65 m，腹板厚0.65 m；拱圈拱脚至第1、2根立柱中间为渐变段，顶、底板混凝土厚度由2.75 m线性变化至0.65 m，腹板厚度由1.0 m线性变化至0.65 m。主拱圈采用C100超高强钢管混凝土强劲骨架外包C50混凝土形成，其中强劲骨架为钢管混凝土弦杆和钢管腹杆组成的桁架结构，每肋左、右腹板设上、中、下三道弦杆，其中上、下弦杆采用ϕ351 mm×（14~18）mm、内灌C100混凝土的钢管混凝土，中弦杆采用ϕ273 mm×（10~12）mm、内灌C100混凝土的钢管混凝土；弦杆通过ϕ152 mm×（10~12）mm的空钢管腹杆连接而构成桁架结构。

(a)

(b)

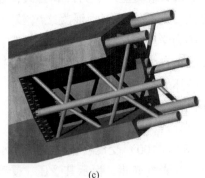

(c)

图1-3　广安官盛渠江大桥

（a）大桥全貌；（b）钢管混凝土强劲骨架；（c）主拱组成透视图

1.4 研究目的与内容

1.4.1 研究目的

随着桥梁结构向高墩、大跨、轻型化方向发展，对超高强混凝土的需求越来越迫切。众所周知，混凝土强度越高，其脆性特点也越明显，但将其灌入钢管后形成超高强钢管混凝土，不仅能改变混凝土的脆性破坏特征，还能显著提高其承载力。由于其具有良好的力学性能，目前采用超高强钢管混凝土形成的强劲骨架在数座钢筋混凝土拱桥中应用，不仅提高了结构承载力，大幅减小混凝土外包分环数，还简化了工序，缩短了工期，工程效果良好。但是现有规范只适用于核心混凝土强度等级不大于 C80 的钢管混凝土结构与构件，关于超高强钢管混凝土的试验与理论研究也十分有限，已滞后于实际工程应用，从一定程度而言，限制了其进一步发展与工程应用。可见，系统研究超高强钢管混凝土不同类型构件的力学行为，建立极限承载力计算方法，可以进一步完善钢管混凝土结构的设计理论，也有利于该类结构在工程中的推广与拓展应用。因此进行相关研究十分必要。

为此，本项目主要针对 C100 超高强钢管混凝土的受压、受弯与受剪力学性能开展系统试验研究，拟通过模型试验与数据总结分析，探明 C100 超高强钢管混凝土在各类荷载作用下的失效过程与破坏模式、极限承载能力、屈服后的变形能力等，揭示钢管对超高强混凝土的套箍约束作用影响因素，深入了解和掌握其不同类型构件的力学性能，并提出实用的力学取值方法与极限承载力计算方法，从而促进超高强钢管混凝土的工程推广应用，为相关工程实践与规程或规范的制定提供参考。

1.4.2 研究内容

根据工程应用与行业发展需要，基于前期研究成果，本书对超高强钢管混凝土的受压、受弯、受剪力学性能与工作机理进行了系统研究，主要研究内容如下。

（1）轴压力学行为研究。根据工程调研分析，结合前期研究成果，以含钢率、混凝土强度、钢材强度为参数，通过大量模型试验与数据总结、数值计算分析，研究各参数对构件轴压承载力、破坏形态、延性性能等的影响规律，探明钢管对超高强混凝土的套箍约束作用因素，明确超高强钢管混凝土含钢率与套箍系数合理要求，并建立实用极限承载力计算方法。

（2）偏压力学行为研究。在轴压试验的基础上，以偏心率与混凝土强度为参数，通过偏心受压模型试验与数据分析，探讨超高强钢混凝土短柱在偏心荷载作用下的承载能力、破坏模式与变形性能，揭示荷载偏心率与管内混凝土强度对超高强钢混凝土力学性能的影响规律，提出偏压短柱极限承载力计算方法。

（3）受弯力学行为研究。钢管混凝土桁架结构的下弦杆，以及钢管混凝土组合结构在偏心距较大情况下的远侧构件，均承受较大弯矩，因此，拟通过在主管上焊接加载支管，对主管进行三点受弯试验，研究超高强钢管混凝土受弯构件力学性能，探讨其受弯变形特征、破坏模式与延性性能，通过数据分析与总结，提出抗弯极限承载力计算方法。

（4）受剪力学行为研究。钢管混凝土劲性骨架或桁架结构等组合结构的节点处，腹杆间的主管一般承受较大剪力，因此，拟开展超高强钢管混凝土受剪试验，分析剪跨比、混凝土强度对其受剪承载能力、破坏形态、截面应变分布与发展规律，提出抗剪极限承载力计算方法。

2 超高强钢管混凝土轴心受压力学性能

2.1 试验概况

2.1.1 试件设计与制作

目前相关钢管混凝土设计规范中，混凝土强度等级小于等于 C80，构件含钢率 a_s 一般取 4%~20%。试验研究表明，核心混凝土强度较高（达到 C100）时，对于含钢率较低的钢管混凝土试件，达到轴压极限承载力时，钢管表面有明显鼓屈，甚至出现皱褶等局部变形，且承载力会快速、大幅下降；随着含钢率增加，钢管表面局部屈曲减缓，但钢管混凝土试件到达极限承载力后，会出现不同程度下降，随后再趋于平缓，即使含钢率到达 20% 时仍存在这种现象，后期抗变形能力与延性性能较差。

为深入了解含钢率对钢管局部变形以及承载能力的影响，探索超高强钢管混凝土合理的含钢率，本试验设计了 8 种不同含钢率系列试件，其含钢率 α_s 分别为 5.97%、9.16%、13.87%、16.99%、20.24%、23.63%、27.16%、38.72%，根据其钢管壁厚不同，系列号依次记为 Y2、Y3、Y5、Y6、Y7、Y8、Y10、Y12，钢管型号主要为 Q345。如图 2-1 所示，含钢率 α_s 为 5.97%、9.16% 的系列试件（Y2、Y3 系列），钢管外径 D 为 140 mm，壁厚 t 分别为 2 mm 和 3 mm；含钢率 α_s 为 13.87%、16.99%、20.24%、23.63%、27.16%、38.72% 的系列试件（Y5~Y12 系列），钢管外径 D 为 159 mm，壁厚 t 依次为 5 mm、6 mm、7 mm、8 mm、10 mm 与 12 mm。

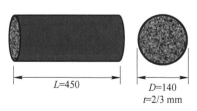
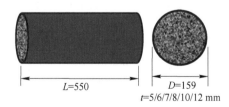

Y2、Y3系列试件
α_s=5.97%、9.16%

Y5、Y6、Y7、Y8、Y10、Y12系列试件
α_s=13.87%、16.99%、20.24%、23.63%、27.16%、38.72%

图 2-1　试件设计参数

为探讨不同强度混凝土与不同壁厚钢管（含钢率不同）组合试件的力学性能差异，以确定管内混凝土强度与截面含钢率的合理匹配关系，如图 2-2 所示，试验设计将含钢率为 5.97%、9.16%、13.87%、16.99%的系列试件（Y2、Y3、Y5、Y6 系列），钢管内均灌 C60、C80 与 C100 混凝土；含钢率较高的 20.24%、23.63%、27.16%系列试件（Y7、Y8、Y10 系列），钢管内灌注 C80 与 C100 混凝土；含钢率达到 38.72%的系列试件（Y12 系列），钢管内灌注 C100 混凝土。另外，Y5 系列试件还设计了空钢管轴压试件，以对比钢管混凝土与空钢管试件的力学行为差异。

为研究钢材强度对超高强钢管混凝土力学行为的影响，还设计了一批钢管型号 Q390、壁厚 5 mm、含钢率 13.87%的试件（YD5 系列），混凝土强度等级包括 C60、C70、C80、C90、C100，与钢管型号为 Q345 的同类型试件进行对比。

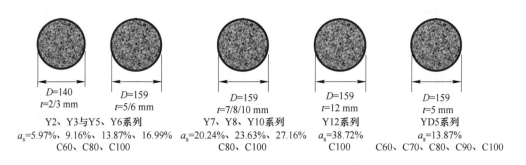

D=140
t=2/3 mm
Y2、Y3与Y5、Y6系列
a_s=5.97%、9.16%、13.87%、16.99%
C60、C80、C100

D=159
t=5/6 mm

D=159
t=7/8/10 mm
Y7、Y8、Y10系列
a_s=20.24%、23.63%、27.16%
C80、C100

D=159
t=12 mm
Y12系列
a_s=38.72%
C100

D=159
t=5 mm
YD5系列
a_s=13.87%
C60、C70、C80、C90、C100

图 2-2 管内混凝土的灌注情况

所有短柱模型试件的详细参数如表 2-1 所示，共 25 组（其中 1 组为空钢管）。每组均制作 2 个完全相同的试件（在试件编号后以 1 和 2 区别，合计 50 个试件，其中 2 个为空钢管试件）。试件的径厚比 D/t 为 13.3~70，长径比为 3.2~3.5。每系列均预留 1 根空钢管，进行材料力学性能测试。

表 2-1 轴心受压试验试件一览表

系列	试件编号	$D×t×L$ /mm×mm×mm	α_s /%	D/t	f_y /MPa	f_{ck} /MPa	f_{sd} /MPa	f_{cd} /MPa	ξ_0	N_u^c /kN	备注
	Y2-C60-1/2	140×2×450	5.97	70	345	38.5	310	26.5	0.70	756	
Y2	Y2-C80-1/2	140×2×450	5.97	70	345	50.2	310	34.6	0.53	898	反复加载
	Y2-C100-1/2	140×2×450	5.97	70	345	61.2	310	42.2	0.44	1031	反复加载

系列	试件编号	$D \times t \times L$ /mm×mm×mm	α_s /%	D/t	f_y /MPa	f_{ck} /MPa	f_{sd} /MPa	f_{cd} /MPa	ξ_0	N_u^c /kN	备注
Y3	Y3-C60-1/2	140×3×450	9.16	46.7	345	38.5	310	26.5	1.07	911	
	Y3-C80-1/2	140×3×450	9.16	46.7	345	50.2	310	34.6	0.82	1053	
	Y3-C100-1/2	140×3×450	9.16	46.7	345	61.2	310	42.2	0.67	1186	
Y5	Y5-C60-1/2	159×5×550	13.87	31.8	345	38.5	310	26.5	1.62	1471	
	Y5-C80-1/2	159×5×550	13.87	31.8	345	50.2	310	34.6	1.24	1654	反复加载
	Y5-C100-1/2	159×5×550	13.87	31.8	345	61.2	310	42.2	1.02	1826	反复加载
	KGY5-1/2	159×5×550	13.87	31.8	345	—	310	—	—	750	空钢管
Y6	Y6-C60-1/2	159×6×550	16.99	26.5	345	38.5	310	26.5	1.99	1667	
	Y6-C80-1/2	159×6×550	16.99	26.5	345	50.2	310	34.6	1.52	1850	
	Y6-C100-1/2	159×6×550	16.99	26.5	345	61.2	310	42.2	1.25	2022	
Y7	Y7-C80-1/2	159×7×550	20.24	22.7	345	50.2	310	34.6	1.81	2054	
	Y7-C100-1/2	159×7×550	20.24	22.7	345	61.2	310	42.2	1.49	2226	反复加载
Y8	Y8-C80-1/2	159×8×550	23.63	19.9	345	50.2	310	34.6	2.12	2267	
	Y8-C100-1/2	159×8×550	23.63	19.9	345	61.2	310	42.2	1.74	2439	
Y10	Y10-C80-1/2	159×10×550	27.16	15.9	345	50.2	310	34.6	2.43	2488	
	Y10-C100-1/2	159×10×550	27.16	15.9	345	61.2	310	42.2	2.00	2660	反复加载
Y12	Y12-C100-1/2	159×12×550	38.72	13.3	345	61.2	310	42.2	2.84	3386	
YD5	YD5-C60-1/2	159×5×550	13.87	31.8	390	38.5	350	26.5	1.83	1583	反复加载
	YD5-C70-1/2	159×5×550	13.87	31.8	390	44.5	350	30.5	1.59	1674	反复加载
	YD5-C80-1/2	159×5×550	13.87	31.8	390	50.2	350	34.6	1.40	1766	反复加载
	YD5-C90-1/2	159×5×550	13.87	31.8	390	55.7	350	38.5	1.26	1855	反复加载
	YD5-C100-1/2	159×5×550	13.87	31.8	390	61.2	350	42.2	1.15	1938	反复加载

计算承载力按 JTG/T D65-06—2015 规范计算：

$$N_u = f_{sc} \times A_{sc} = (1.14 + 1.02 \times \xi_0) \times f_{cd} \times A_{sc} \tag{2-1}$$

$$\xi_0 = \frac{A_s f_{sd}}{A_c f_{cd}} \tag{2-2}$$

模型试件均在项目依托工程——广安官盛渠江大桥工程现场加工制作。钢管采用数控机械自动切割，确保钢管上下端面平整且与纵向轴线垂直。混凝土灌筑前将钢管内壁铁锈、污物等擦拭干净，并用湿布润湿。空钢管竖直置于表面平整、光滑的木板上，随后将搅拌均匀的混凝土拌合物分层灌注入钢管内。混凝土灌注完毕后，将试件顶面抹平、收光，并用塑料膜覆盖。待管内混凝土的龄期达28 d时，运回试验室进行力学性能测试。制作过程如图2-3所示。

图 2-3　轴压短柱试件

(a) 钢管采用机械切割、内壁清洁干净并编号；(b) 试件底部垫平、浇灌混凝土；
(c) 混凝土分层浇筑，顶面抹平、收光并覆盖塑料薄膜；(d) 制作完成的试件

2.1.2 核心混凝土制备与性能

C100 混凝土的配合比采用实际工程应用配合比，制备混凝土的原材料均与实际工程一致。各强度等级混凝土的配合比、工作性能如表 2-2 所示。C100 混凝土拌合物的坍落度为 205 mm，扩展度为 520 mm，状态如图 2-4 所示，其黏聚性、包裹性与流动性较好，满足工程设计泵送施工要求。

表 2-2 混凝土配合比与工作性能

| 混凝土等级 | 配合比/kg · m⁻³ | | | | | | | | 工作性能/mm | | 28 d 抗压强度 /MPa |
	水泥	微珠	硅灰	膨胀剂	砂	石	水	减水剂	坍落度	扩展度	
C60	360	70	20	40	765	1095	156	0.45%	210	545	80.3
C70	375	85	30	35	760	1085	150	0.55%	215	560	88.9
C80	410	95	40	30	755	1080	147	0.80%	205	535	95.9
C90	440	100	55	25	730	1080	138	0.95%	200	520	103.1
C100	480	115	70	20	715	1075	125	1.30%	205	520	115.2

图 2-4 混凝土拌合物状态与留样试件

2.2 试验方案

2.2.1 试验装置

根据试件预计承载力的大小，分别采用 3000 kN 与 10000 kN 液压伺服压力试验机进行轴向加载，试验装置如图 2-5 所示。试件放置在试验机的加载端板上，在试件上下端各垫一块 30 mm 钢板。

图 2-5 液压伺服压力试验机

2.2.2 测试内容与测点布置

试验测试分一次受压加载与反复受压加载两部分。所有试件先进行一次轴压加载测试，然后选取部分试件进行反复加载测试，反复加、卸载累计 4 次。

（1）测试内容。主要测试或观察内容包括：1）通过位移传感器，测试试件的纵向压缩变形随荷载增加的变化关系；2）采用电阻应变片，测试试件中部的纵、横向应变发展随荷载增加的变化关系；3）观察轴压荷载作用下，钢管混凝土的变形特征与破坏过程；4）记录钢管表面出现局部变形时的荷载值；5）记录荷载-变形曲线开始发生非线性变化的荷载值；6）记录钢管达到极限强度时的荷载值；7）反复加载时，试件的剩余承载力的变化规律。

（2）测点布置。轴压试件应变片与位移计测点布置如图 2-6 所示。沿试件中部对称粘贴 4 对应变片，测试钢管表面纵、横向应变发展过程；在试件两侧对称布置一对位移传感器，测试试件纵向整体压缩变形。荷载值由压力机自带传感器采集并记录。

2.2.3 加载方案

（1）预加载。正式测试前，先进行 2~3 次预压加载，预压值取预计承载力的 50%，加载过程如图 2-7 所示，加到预定值后持荷 3~5 min，然后卸载。以消除试件与加载端板接触不紧密、试件端面混凝土局部不平整等导致的非弹性变形对测试结果的影响。

（2）正式加载。正式加载时，先采用力控制，分级加载，试件屈服后采用位移控制，连续缓慢加载，加载示意图如图 2-8 所示。1）开始加载时，采用力控制，按分级加载方式加载，每级荷载约取预计承载力的 1/10，每级加载持荷

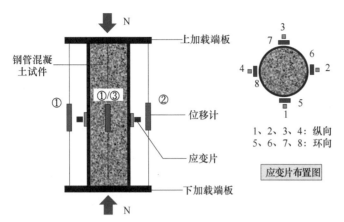

图 2-6 轴压试验测点布置

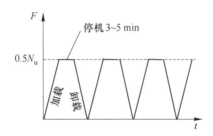

图 2-7 预压加载示意图

1 min；2）荷载-变形曲线开始出现非线性特征后，分级要加密，此时每级荷载约取为预计承载力的 1/20，每级荷载持荷 1 min；3）荷载-变形曲线出现明显的非线性特征（即试件进入弹塑性阶段）后，转化为由位移控制模式，缓慢连续加载；4）循环加卸载的试件，其第 2 次～第 4 次加载，加载控制方式、卸载准则与第 1 次一致，预计承载力约取为上一次加载时最大荷载值的 80%。

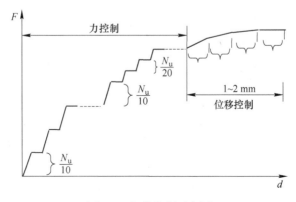

图 2-8 加载控制示意图

（3）卸载准则。一次加载时，1）压缩变形量 Δl 达试件长度 L 的 5% 左右：$L = 450$ mm 的试件，$\Delta l \approx 22.5$ mm；$L = 550$ mm 的试件，$\Delta l \approx 27.5$ mm。2）钢管表面开裂。3）试验过程中的其他意外。出现上述情况之一时，停机卸载。循环加载时，1）第 1 次加载时，荷载-变形曲线下降段出现拐点而进入平缓发展阶段，且压缩变形量 Δl 达试件长度 L 的 2% 左右即卸载：$L = 450$ mm 的试件，$\Delta l \approx 9$ mm；$L = 550$ mm 的试件，$\Delta l \approx 11$ mm。2）第 2 ~ 4 次加载，压缩变形量 Δl 达试件长度 L 的 1.5% 左右即卸载：$L = 450$ mm 的试件，$\Delta l \approx 6.8$ mm；$L = 550$ mm 的试件，$\Delta l \approx 8.3$ mm。3）进行循环加卸载试验过程中钢管表面开裂。4）试验过程中的其他意外。出现上述情况之一时，停机卸载。

2.3 材性试验结果与分析

2.3.1 混凝土试块

钢管混凝土短柱力学性能测试前，先测试管内核心混凝土同龄期的抗压强度，结果见表 2-3，各强度等级混凝土破坏形态如图 2-9 所示。另外，还采用管径 $D \times T = 159$ mm × 5 mm 空钢管制作混凝土圆柱体，进行轴压测试，破坏形态与强度测试结果如图 2-9 与表 2-3 所示。可见，混凝土抗压强度均达到设计要求。混凝土强度越高，试件破坏时越零碎，脆性越明显。C100 混凝土破坏时伴随有较大声响，碎片外崩。由于测试手段缘故，C100 混凝土应力-应变曲线只测得上升段，如图 2-10 所示，其基本呈线性增加，接近极限强度时横向应变增长有所加快。

(a)

(b)

图 2-9 不同强度等级混凝土立方体试件破坏形态

（a）立方体试件，$d = 150$ mm；（b）圆柱体试件，$D \times L = 149$ mm×200 mm

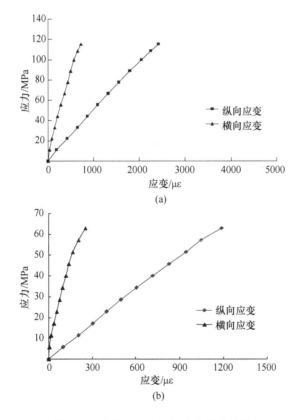

(a)

(b)

图 2-10 实测 C100 应力-应变关系曲线

（a）立方体试件；（b）圆柱体试件

表 2-3   抗压强度实测值

混凝土强度等级	抗压强度/MPa	
	150 mm 立方体试件	149 mm×200 mm 圆柱体试件
C60	80.3	57.9
C70	88.9	—
C80	95.9	62.0
C90	103.1	—
C100	115.2	67.8

2.3.2   钢管材料

根据《金属拉伸试验试样》（GB 6397—86）取样，按《金属材料室温拉伸试验方法》（GB/T 228—2010）的测试方法，对试验用钢管的材料力学性能进行测试，结果如表 2-4 所示。Y2～Y12 系列钢管屈服强度为 406～435 MPa，YD5 系列钢管屈服强度达到 566 MPa。

表 2-4   钢管材料力学性能

系列	截面尺寸 $D×t$/mm×mm	屈服强度/MPa	极限强度/MPa	弹性模量/MPa
Y2	140×2	435	506	$2.01×10^5$
Y3	140×3	431	533	$1.96×10^5$
Y5	159×5	426	585	$1.98×10^5$
Y6	159×6	411	582	$2.04×10^5$
Y7	159×7	406	567	$2.02×10^5$
Y8	159×8	404	582	$1.94×10^5$
Y10	159×10	424	557	$1.98×10^5$
Y12	159×12	418	575	$2.06×10^5$
YD5	159×5	566	723	$2.03×10^5$

2.3.3 空钢管试件

试验测试了 Y5 系列中 2 根尺寸为 159 mm×5 mm×550 mm 的空钢管试件 KGY5-1/2 的轴压力学性能，最终破坏形态如图 2-11 所示，荷载-变形曲线、应力-应变曲线如图 2-12、图 2-13 所示。空钢管试件的荷载-变形曲线有明显的水平段（见图 2-12），表明其已轴压屈服，此时试件整体横向膨胀变形发展较快。随后荷载还能继续增加，钢管进入强化阶段，管壁观察到有轻微波浪形屈曲特征；到达极限荷载后，由于加载端板的约束作用，试件靠近端部的部位被压鼓屈，承载力开始逐渐下降，随后由于试件屈曲严重，承载力下降较过快而卸载。如图 2-13 所示，由于应变片黏结技术条件有限而脱粘失效，没有测得钢管屈服后其表面应变发展过程。

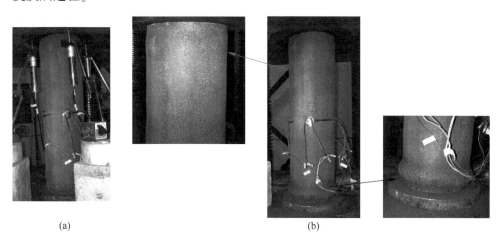

(a)   (b)

图 2-11   空钢管试件轴压破坏形态

（a）屈服时变形形态；（b）最终破坏形态

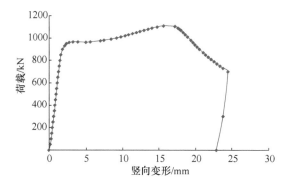

图 2-12   空钢管荷载-变形曲线

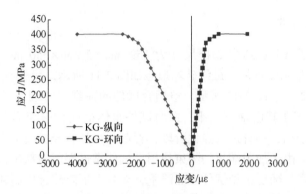

图 2-13 空钢管应力-应变曲线

承载力测试结果如表 2-5 所示。可见，实测屈服荷载与极限荷载均较计算值小，主要是钢管壁局部屈曲所致。

表 2-5 空钢管试件承载力实测值

试件编号	$D×t×L$ /mm×mm×mm	f_y^t /MPa	f_b^t /MPa	A_s /mm^2	计算屈服荷载 /kN	实测屈服荷载 /kN	计算极限荷载 /kN	实测极限荷载 /kN
KGY5-1	159×5×550	426	585	2419.026	1030	965	1415	1100
KGY5-2	159×5×550	426	585	2419.026	1030	970	1415	1135

2.4 一次受压试验结果与分析

2.4.1 试验过程与测试结果

所有钢管混凝土短柱均完成了一次轴压加载测试，整个试验过程控制良好。在加载初期，荷载与竖向压缩变形均近线性增长，钢管外壁基本没有变化。且由于管内混凝土的强度较高（$f_{cu} = 80.3 \sim 115.2$ MPa），荷载与竖向压缩变形曲线（N-δ 曲线）的线性段均较长。对于含钢率较低的试件，例如 Y2、Y3 系列试件（$\alpha_s = 5.97\%$、9.16%），如图 2-14 所示，荷载增加到极限荷载的 90% 左右（$N/N_u = 90\%$）时，荷载-变形曲线逐渐偏离线性增长，试件开始出现可见变形，主要表现为整体鼓胀，两端钢管外表面出现斜向剪切滑移线（吕德尔斯滑移线）；弹塑性阶段很短，达到极限荷载后，荷载-变形曲线快速下降；试件逐渐呈现剪切滑移破坏，滑移区域两端钢管壁出现明显局部鼓曲，滑移区域内的钢管壁皱褶。而含钢率较高的试件，例如 Y10、Y11 系列试件（$\alpha_s = 27.16\%$、38.72%），如图 2-15 所示，$N/N_u = 80\%$ 左右时荷载-变形曲线逐渐偏离线性增长，试件有明显的弹塑性变形阶段，直到荷载增加到接近屈服荷载时，试件两端钢管外表面才出现斜向剪切滑移线（吕德尔斯滑移线），随后荷载缓慢下降或基本不下降，破坏主要表现为整体鼓胀，钢管壁无局部屈曲。

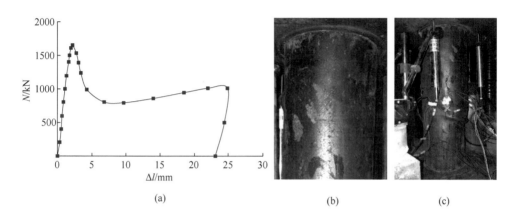

图 2-14 含钢率较低试件荷载变形曲线、试件破坏形态（Y2-C60-2）
（a）荷载-变形曲线；（b）管壁斜向滑移线；（c）整体破坏形态

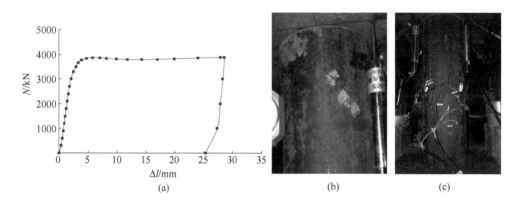

图 2-15 含钢率较高试件荷载变形曲线、试件破坏形态（Y10-C80-2）
（a）荷载-变形曲线；（b）管壁斜向滑移线；（c）整体破坏形态

试验测得的各试件的套箍系数、极限承载力、屈服后剩余承载力等结果如表 2-6 所示，表中 $f_c = 0.76 f_{cu}$。此处实测极限承载力取荷载-位移曲线上屈服位

移 Δ_y 点对应的荷载记为 N_{ue}，关于 Δ_y 点的定义参考韩林海教授对屈服点的定义原则。

表 2-6 中 Y5-C100 组 2 个试件的极限承载力 N_{sc} 均值为 3461 kN，而与之对应的空钢管试件承载力 N_s 与 C100 圆柱体混凝土试件的承载力 N_c 分别为 1118 kN 与 1180 kN，$N_{sc}/(N_s+N_c) \approx 1.51$，即超高强钢管混凝土试件承载力，约为其组成钢管与混凝土试件二者承载力之和的 1.51 倍。由此可见，与普通钢管混凝土一样，钢管对超高强混凝土的套箍作用提高了试件整体承载力。

表 2-6　测试结果汇总

系列	试件编号	$\alpha_s/\%$	f_y	f_{cu}	f_c	ξ	ξ_0	ξ_t	实测极限承载力 N_{ue} /kN	剩余承载力 /kN
Y2	Y2-C60-1	5.97	435	80.3	61.0	0.53	0.70	0.43	1590	915
	Y2-C60-2	5.97	435	80.3	61.0	0.53	0.70	0.43	1650	790
	Y2-C80-1	5.97	435	95.9	72.9	0.41	0.53	0.36	1900	760
	Y2-C80-2	5.97	435	95.9	72.9	0.41	0.53	0.36	1980	820
	Y2-C100-1	5.97	435	115.2	87.6	0.34	0.44	0.30	2240	960
	Y2-C100-2	5.97	435	115.2	87.6	0.34	0.44	0.30	2280	850
Y3	Y3-C60-1	9.16	431	80.3	61.0	0.82	1.07	0.65	1860	1200
	Y3-C60-2	9.16	431	80.3	61.0	0.82	1.07	0.65	1835	1238
	Y3-C80-1	9.16	431	95.9	72.9	0.63	0.82	0.54	2150	1240
	Y3-C80-2	9.16	431	95.9	72.9	0.63	0.82	0.54	2140	1345
	Y3-C100-1	9.16	431	115.2	87.6	0.52	0.67	0.45	2392	1321
	Y3-C100-2	9.16	431	115.2	87.6	0.52	0.67	0.45	2540	1300
Y5	Y5-C60-1	13.87	426	80.3	61.0	1.24	1.62	0.97	2650	2270
	Y5-C60-2	13.87	426	80.3	61.0	1.24	1.62	0.97	2556	2370
	Y5-C80-1	13.87	426	95.9	72.9	0.95	1.24	0.81	3000	2337
	Y5-C80-2	13.87	426	95.9	72.9	0.95	1.24	0.81	3018	2211
	Y5-C100-1	13.87	426	115.2	87.6	0.78	1.02	0.67	3430	2610
	Y5-C100-2	13.87	426	115.2	87.6	0.78	1.02	0.67	3492	2367

系列	试件编号	$\alpha_s/\%$	f_y	f_{cu}	f_c	ξ	ξ_0	ξ_t	实测极限承载力 N_{ue} /kN	剩余承载力 /kN
Y6	Y6-C60-1	16.99	411	80.3	61.0	1.52	1.99	1.14	2775	—
	Y6-C60-2	16.99	411	80.3	61.0	1.52	1.99	1.14	2810	2510
	Y6-C80-1	16.99	411	95.9	72.9	1.17	1.52	0.96	3100	2549
	Y6-C80-2	16.99	411	95.9	72.9	1.17	1.52	0.96	3278	2515
	Y6-C100-1	16.99	411	115.2	87.6	0.96	1.25	0.80	3500	2659
	Y6-C100-2	16.99	411	115.2	87.6	0.96	1.25	0.80	3716	2700
Y7	Y7-C80-1	20.24	406	95.9	72.9	1.39	1.81	1.13	3422	2968
	Y7-C80-2	20.24	406	95.9	72.9	1.39	1.81	1.13	3426	2925
	Y7-C100-1	20.24	406	115.2	87.6	1.14	1.49	0.94	3787	3152
	Y7-C100-2	20.24	406	115.2	87.6	1.14	1.49	0.94	3835	3144
Y8	Y8-C80-1	23.63	404	95.9	72.9	1.62	2.12	1.31	3536	3176
	Y8-C80-2	23.63	404	95.9	72.9	1.62	2.12	1.31	3657	3360
	Y8-C100-1	23.63	404	115.2	87.6	1.33	1.74	1.09	3935	3312
	Y8-C100-2	23.63	404	115.2	87.6	1.33	1.74	1.09	3966	3320
Y10	Y10-C80-1	27.16	424	95.9	72.9	1.87	2.43	1.58	3851	3890
	Y10-C80-2	27.16	424	95.9	72.9	1.87	2.43	1.58	3870	3790
	Y10-C100-1	27.16	424	115.2	87.6	1.53	2.00	1.32	4215	3760
	Y10-C100-2	27.16	424	115.2	87.6	1.53	2.00	1.32	4200	3780
Y12	Y12-C100-1	38.72	418	115.2	87.6	2.18	2.84	1.85	4740	4705
	Y12-C100-2	38.72	418	115.2	87.6	2.18	2.84	1.85	4795	4735
YD5	YD5-C60-1	13.87	566	80.3	61.0	1.41	1.83	1.29	2630	2260
	YD5-C60-2	13.87	566	80.3	61.0	1.41	1.83	1.29	2873	2480
	YD5-C70-1	13.87	566	88.9	67.6	1.22	1.59	1.16	2880	2440
	YD5-C70-2	13.87	566	88.9	67.6	1.22	1.59	1.16	2990	2443

续表 2-6

系列	试件编号	α_s/%	f_y	f_{cu}	f_c	ξ	ξ_0	ξ_t	实测极限承载力 N_{ue} /kN	剩余承载力 /kN
YD5	YD5-C80-1	13.87	566	95.9	72.9	1.08	1.40	1.08	3025	2509
	YD5-C80-2	13.87	566	95.9	72.9	1.08	1.40	1.08	3140	2435
	YD5-C90-1	13.87	566	103.1	78.4	0.97	1.26	1.00	3200	2457
	YD5-C90-2	13.87	566	103.1	78.4	0.97	1.26	1.00	3303	2379
	YD5-C100-1	13.87	566	115.2	87.6	0.88	1.15	0.90	3494	2580
	YD5-C100-2	13.87	566	115.2	87.6	0.88	1.15	0.90	3580	2440

2.4.2 试件破坏特征

由于试件含钢率变化较大（$\alpha_s = 5.97\% \sim 38.72\%$），且同一种类型试件管内核心混凝土强度等级不一致，实测各系列试件的破坏特征与最终破坏形态差异明显。

（1）Y2 系列试件。Y2 系列试件的含钢率 $\alpha_s = 5.97\%$，试件典型破坏形态如图 2-16 所示。灌注 C60、C80、C100 三种不同强度等级混凝土的试件破坏形态接近，都呈现明显剪切破坏，且剪切破坏面两端钢管局部鼓屈十分明显，其中 Y2-C100 试件的两端钢管局部屈曲最为严重。同时可以发现，Y2-C60 试件剪切滑移区域的钢管壁还有明显的皱褶，Y2-C80 试件与 Y2-C100 试件的这一特征逐渐减弱。

(a)   (b)   (c)

图 2-16 Y2 系列试件典型破坏形态（$\alpha_s = 5.97\%$）

(a) Y2-C60；(b) Y2-C80；(c) Y2-C100

（2）Y3 系列试件。Y3 系列试件的含钢率 $\alpha_s = 9.16\%$，试件典型破坏形态如图 2-17 所示。试件均为剪切型破坏，但不及图 2-16 中所示的 Y2 系列试件剪切破坏程度严重。同时也可以看到，C100 短柱试件钢管局部皱褶屈曲最为严重。

(a)   (b)   (c)

图 2-17   Y3 系列试件典型破坏形态 （$\alpha_s = 9.16\%$）

(a) Y3-C60；(b) Y3-C80；(c) Y3-C100

（3）Y5 系列试件。Y5 系列试件的含钢率 $\alpha_s = 13.87\%$，试件典型破坏形态如图 2-18 所示。虽然 Y5 系列试件的含钢率较 Y2 与 Y3 系列试件提高，但 Y5-C80 与 Y5-C100 试件仍呈剪切型破坏，但局部破坏程度较 Y2、Y3 系列试件减轻。其中 Y5-C60 试件剪切破坏特征已不明显，主要为整体鼓胀，其端部由于受到加载板的约束而有明显局部屈曲。

(a)   (b)   (c)

图 2-18   Y5 系列试件典型破坏形态 （$\alpha_s = 13.87\%$）

(a) Y5-C60；(b) Y5-C80；(c) Y5-C100

（4）Y6 系列试件。Y6 系列试件的含钢率 $\alpha_s = 16.99\%$，试件典型破坏形态如图 2-19 所示。Y6 试件含钢率虽较 Y5 系列试件高，Y6-C80 与 Y6-C100 试件最终破坏形态仍表现出一定剪切破坏特征，但钢管壁局部屈曲较 Y5 系列试件减弱；Y6-C60 试件主要表现为整体鼓胀，基本呈腰鼓型破坏。

(a)　　　　　　　　　　　(b)　　　　　　　　　　　(c)

图 2-19　Y6 系列试件典型破坏形态（$\alpha_s = 16.99\%$）

(a) Y6-C60；(b) Y6-C80；(c) Y6-C100

（5）Y7 系列试件。Y7 系列试件的含钢率 $\alpha_s = 20.24\%$（已达到现有规范中钢管混凝土含钢率上限 20%），试件典型破坏形态如图 2-20 所示。Y7-C80 试件剪切破坏已不明显，主要为整体鼓胀，仅在试件中部钢管有轻微局部屈曲。Y7-C100 试件仍能观测到剪切破坏特征，但钢管壁局部屈曲较 Y6 系列试件进一步减弱。

(a)　　　　　　　　　　　(b)

图 2-20　Y7 系列试件典型破坏形态（$\alpha_s = 20.24\%$）

(a) Y7-C80；(b) Y7-C100

（6）Y8 系列试件。Y8 系列试件的含钢率 $\alpha_s = 23.63\%$，试件典型破坏形态如图 2-21 所示。Y8-C80 试件基本呈整体鼓胀，仅有轻微局部屈曲。Y8-C100 试件也主要表现为整体鼓胀，但仍有轻微剪切破坏特征，钢管壁局部屈曲明显较Y7 系列试件减弱。

(a)   (b)

图 2-21 Y8 系列试件典型破坏形态（$\alpha_s = 23.63\%$）

(a) Y8-C80；(b) Y8-C100

（7）Y10 系列试件。Y10 系列试件的含钢率 $\alpha_s = 27.16\%$，试件典型破坏形态如图 2-22 所示。Y10-C80 试件完全呈整体鼓胀，钢管壁无局部屈曲。Y10-C100 试件基本呈整体鼓胀，无明显剪切破坏特征，钢管壁仅有轻微局部屈曲。

(a)   (b)

图 2-22 Y10 系列试件典型破坏形态（$\alpha_s = 27.16\%$）

(a) Y10-C80；(b) Y10-C100

（8）Y12 系列试件。Y12 系列试件的含钢率 $\alpha_s = 38.72\%$，试件典型破坏形态如图 2-23 所示。此时，Y12-C100 试件完全呈整体鼓胀，钢管壁无局部屈曲。

图 2-23 Y12 系列试件典型破坏形态 ($\alpha_s = 38.72\%$)

（9）YD5 系列试件。YD5 系列试件含钢率 $\alpha_s = 13.87\%$，试件典型破坏形态如图 2-24 所示。可见，从 YD5-60 到 YD5-100 试件，核心混凝土强度由 80.3MPa提高到 115.2MPa，由于钢管的套箍作用有限，对高强混凝土的约束能力不够，试件由整体鼓胀逐渐发展为剪切破坏，钢管壁的局部屈曲逐渐明显。

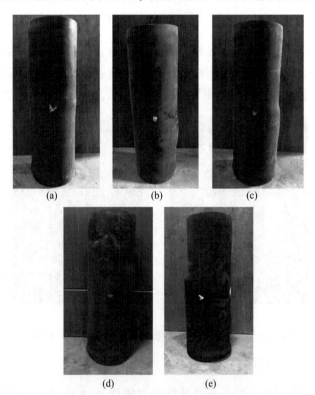

图 2-24 YD5 系列试件典型破坏形态

（a）YD5-C60；（b）YD5-C70；（c）YD5-C80；（d）YD5-C90；（e）YD5-C100

对比分析以上试验结果可以看到，不同强度等级的钢管混凝土短柱试件，随含钢率的增加，钢管对核心混凝土的套箍作用增强，试件的破坏模式由剪切型破坏向整体鼓胀（近腰鼓型）破坏演变，钢管壁的局部屈曲逐渐减弱甚至无局部屈曲。本试验测得的 C60、C80、C100 三种强度等级钢管混凝土短柱，管壁不发生局部屈曲（或仅有轻微局部屈曲）的含钢率依次为 16.99%、20.24%、23.63%，图 2-25 ~ 图 2-27 为这三种不同强度的钢管混凝土短柱随含钢率增加试件的典型破坏形态对比。

(a)　　　　　　(b)　　　　　　(c)　　　　　　(d)

图 2-25　C60 钢管混凝土试件破坏形态对比

（a）Y2-C60，$\alpha_s = 5.97\%$；（b）Y3-C60，$\alpha_s = 9.16\%$；

（c）Y5-C60，$\alpha_s = 13.87\%$；（d）Y6-C60，$\alpha_s = 16.99\%$

(a)　　　　　　(b)　　　　　　(c)　　　　　　(d)

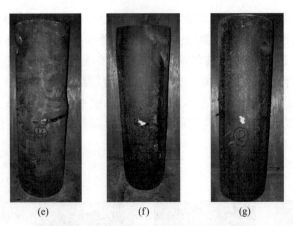

图 2-26 C80 钢管混凝土试件破坏形态对比

（a）Y2-C80，α_s =5. 97%；（b）Y3-C80，α_s =9. 16%；（c）Y5-C80，α_s =13. 87%；（d）Y6-C80，α_s =16. 99%；

（e）Y7-C80，α_s =20. 24%；（f）Y8-C80，α_s =23. 63%；（g）Y10-C80，α_s =27. 16%

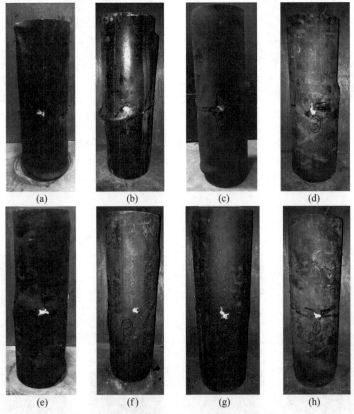

图 2-27 C100 钢管混凝土试件破坏形态对比

（a）Y2-C100，α_s =5. 97%；（b）Y3-C100，α_s =9. 16%；（c）Y5-C100，α_s =13. 87%；（d）Y6-C100，α_s =16. 99%；

（e）Y7-C100，α_s =20. 24%；（f）Y8-C100，α_s =23. 63%；（g）Y10-C100，α_s =27. 16%；（h）Y12-C100，α_s =38. 72%

2.4.3 荷载-变形关系分析

2.4.3.1 实测荷载-变形关系曲线及其特征

由于各类试件的含钢率、实测套箍系数不同,钢管对核心混凝土的约束作用差异大,各系列试件的荷载-变形关系曲线(N-δ 曲线)差别明显。含钢率低、套箍系数小的试件,弹塑性变形阶段较短,到达峰值荷载后,承载力能力丧失较快,N-δ 曲线下降较陡,延性性能相对不足;含钢率高、套箍系数大的试件,弹塑性变形阶段较长,达到极限荷载后,承载力下降缓慢甚至不下降,N-δ 曲线近似水平发展,后期变形性能与延性性能较好。各系列试件实测的 N-δ 曲线如图 2-28 ~ 图 2-37 所示,图中压缩变形值均为 4 个位移计实测的平均值。

(1) Y2 系列试件。图 2-28 为 Y2 系列试件典型 N-δ 曲线。C60、C80、C100 三种不同强度等级的钢管混凝土短柱,在峰值荷载前后的力学行为与素混凝土相似。Y2-C60-2、Y2-C80-2 与 Y2-C100-2 试件的弹性阶段均较长,荷载增加到极限荷载的 90% 左右($N/N_u = 90\%$)时,N-δ 曲线偏离线性增长,弹塑性阶段均较短,试件很多达到极限荷载。Y2-C60-2 试件的极限承载力最低、峰值点压缩变形最小,Y2-C100-2 试件的极限承载力最高、峰值点轴向压缩变形最大,可见,核心混凝土强度越高,试件承载力越高,峰值点位移越大,与素混凝土的变形规律一致。达到极限荷载后,由于管内混凝土强度高,而含钢率低($\alpha_s = 5.97\%$)、套箍系数较小($\xi_t = 0.30 \sim 0.43$),钢管对核心混凝土的约束能力不够,管内混凝土横向膨胀并发生剪切变形破坏,管壁表面出现局部屈曲,试件承载力能力丧失较快,N-δ 曲线快速下降,且核心混凝土强度越大,下降段斜率越陡。N-δ 曲线

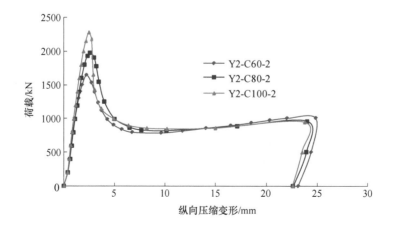

图 2-28 Y2 系列试件 N-δ 曲线($\alpha_s = 5.97\%$)

下降到一定程度后（$N/N_u = 40\% \sim 50\%$ 时）出现缓升，因为此时钢材进入强化阶段，钢管对混凝土的约束增强，试件承载力有所回升。但各试件后期的剩余承载力很接近，可见，低含钢率试件的后期承载力取决于钢管强度。

（2）Y3 系列试件。图 2-29 为 Y3 系列试件典型 N-δ 曲线。Y3 系列试件含钢率（$\alpha_s = 9.16\%$）较 Y2 系列试件（$\alpha_s = 5.97\%$）高，套箍系数有所增加（$\xi_t = 0.45 \sim 0.65$），其 Y3-C100-2、Y3-C80-2、Y3-C60-2 试件的 N-δ 曲线弹性变形段依次缩短而弹塑性变形阶段变长，Y3-C60-2 试件有明显的弹塑性变形阶段；由于含钢率提高，套箍系数增加，钢管对核心混凝土的变形约束能力增强，达到峰值荷载后，各试件的 N-δ 曲线下降趋势均较 Y2 系列同类型试件有明显缓和。可见，含钢率、套箍系数的增加对试件延性与变形性能有较大改善。各试件的后期剩余承载力也较接近（$N/N_u = 50\% \sim 65\%$ 时），可见，试件的后期剩余承载力仍主要与钢管强度有关。

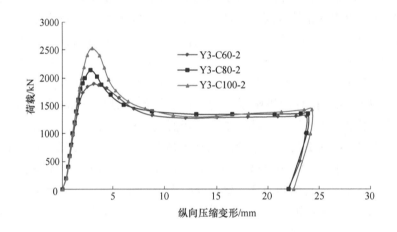

图 2-29 Y3 系列试件 N-δ 曲线（$\alpha_s = 9.16\%$）

（3）Y5 系列试件。图 2-30 为 Y5 系列试件典型 N-δ 曲线，Y5 系列试件的含钢率 $\alpha_s = 13.87\%$，实测套箍系数为 $\xi_t = 0.67 \sim 0.97$。Y5-C60-2、Y5-C80-2、Y5-C100-2 试件的 N-δ 曲线与 Y3 系列同类型试件相比，弹性阶段缩短、弹塑性段更明显，到达极限荷载后下降趋势更缓和。同时可以看到，峰值点后，Y5-C60-2 试件承载力缓慢持续衰减，Y5-C80-2、Y5-C100-2 试件的承载力下降到一定程度后（$N/N_u = 65\% \sim 75\%$ 时）小幅回升，且 Y5-C100-2 试件的剩余承载力较 Y5-C80-2 高。

（4）Y6 系列试件。图 2-31 为 Y6 系列试件典型 N-δ 曲线，Y6 系列试件与 Y5 系列同类型试件的 N-δ 曲线变化规律相似。但 Y6-C100-2 试件的承载力下降到一定程度后（$N/N_u \approx 70\%$ 时）仍小幅回升，而 Y6-C80-2 试件承载力降低到一定程

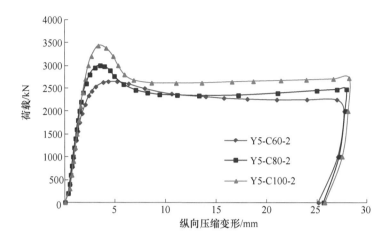

图 2-30 Y5 系列试件 N-δ 曲线 （$\alpha_s = 13.87\%$）

度后 （$N/N_u \approx 75\%$ 时） 承载力基本保持不变。另外，Y6 系列试件含钢率、实测套箍系数更高 （$\alpha_s = 16.99\%$，$\xi_t = 0.80 \sim 1.14$），各试件的极限荷载与剩余承载力均较 Y5 系列同类型试件高。

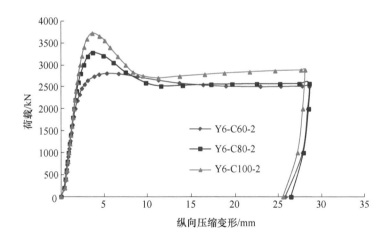

图 2-31 Y6 系列试件 N-δ 曲线 （$\alpha_s = 16.99\%$）

（5） Y7 系列试件。图 2-32 为 Y7 系列试件典型 N-δ 曲线，Y7 系列试件的含钢率 $\alpha_s = 20.24\%$，实测套箍系数为 $\xi_t = 0.94 \sim 1.13$。Y7-C80-2、Y7-C100-2 试件 N-δ 曲线的弹塑性变形段较 Y6 系列同类型试件更长，达到峰值荷载后下降段更缓和，剩余承载力提高。同时还发现，Y7-C100-2 试件 N-δ 曲线达到峰值点后缓慢下降，随后出现第 2 个峰值点。

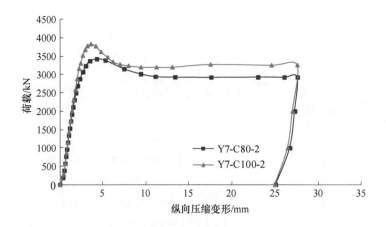

图 2-32   Y7 系列试件 N-δ 曲线（$\alpha_s = 20.24\%$）

（6）Y8 系列试件。图 2-33 为 Y8 系列试件典型 N-δ 曲线，Y8 系列试件的含钢率 $\alpha_s = 23.63\%$，实测套箍系数为 $\xi_t = 1.09 \sim 1.31$。Y8 系列试件含钢率较 Y7 系列试件进一步提高，Y8-C80-2 试件峰值点后承载力仅小幅下降且下降趋势已十分缓和，随后 N-δ 曲线近似水平线（$N/N_u \approx 92\%$），屈服后延性与变形性能改善明显。Y8-C100-2 试件 N-δ 曲线峰值点后的下降幅度也减小，第二峰值点更明显。Y8-C80-2 试件与 Y8-C100-2 试件剩余承载力接近。

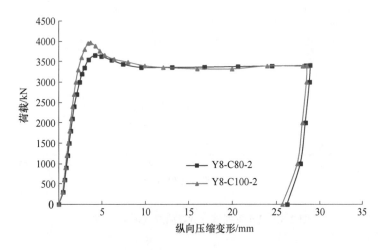

图 2-33   Y8 系列试件 N-δ 曲线（$\alpha_s = 23.63\%$）

（7）Y10 系列试件。图 2-34 为 Y10 系列试件典型 N-δ 曲线，Y10 系列试件的含钢率 $\alpha_s = 27.16\%$，实测套箍系数为 $\xi_t = 1.32 \sim 1.58$。Y10-C80-2 试件屈服后承载力不降低，N-δ 曲线接近水平，类似图 2-35 中空钢管屈曲后 N-δ 曲线变化

特征，具有很好延性性能。Y10-C100-2 试件 N-δ 曲线的弹塑性变形阶段十分明显，峰值点后的承载力衰减很缓和，剩余承载力高（$N/N_u \approx 90\%$）且基本保持不变。

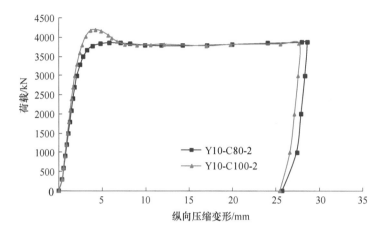

图 2-34 Y10 系列试件 N-δ 曲线（$\alpha_s = 27.16\%$）

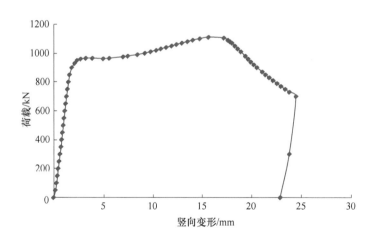

图 2-35 空钢管试件 N-δ 曲线

（8）Y12 系列试件。图 2-36 为 Y12 系列试件典型 N-δ 曲线，Y12 系列试件的含钢率 $\alpha_s = 38.72\%$（Y12-C100-2），实测套箍系数为 $\xi_t = 1.85$。其有明显的弹性、弹塑性与屈服阶段，进入屈服阶段后承载力基本不下降，试件屈服后 N-δ 曲线变化特征也与图 2-35 中空钢管屈曲后 N-δ 曲线变化特征类似，具有很好的延性性能。

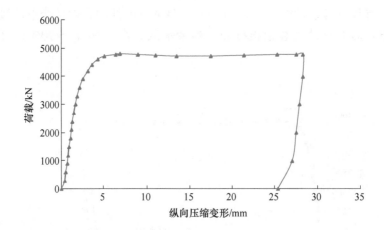

图 2-36 Y12 系列试件 N-δ 曲线 ($\alpha_s = 38.72\%$)

（9）YD5 系列试件。图 2-37 为 YD5 系列试件典型 N-δ 曲线，YD5 系列试件的含钢率 $\alpha_s = 13.87\%$，套箍系数为 $\xi_t = 0.90 \sim 1.29$。可以看到，当钢管类型一致时，随核心混凝土强度增加，试件 N-δ 曲线线性变化段的斜率略有增加，试件初始刚度增大，此外，试件弹性变化段增长、弹塑性变形段缩短，峰值荷载（极限荷载）提高。但由于试件含钢率不够高（$\alpha_s = 13.87\%$），过了峰值点后，N-δ 曲线先下降段，但荷载降低到一定程度后 N-δ 曲线趋于平缓。核心混凝土强度越高，套箍系数越小，N-δ 曲线峰值点后的下降段越陡。各试件 N-δ 曲线平缓段较集中，试件的剩余承载力差别不大。

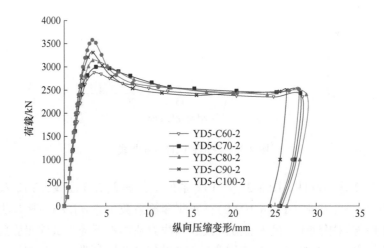

图 2-37 YD5 系列试件 N-δ 曲线 ($\alpha_s = 13.87\%$)

2.4.3.2 荷载-变形关系曲线对比分析

根据以上试验实测结果，对比核心混凝土强度等级为 C60、C80、C100 的三种钢管混凝土短柱试件，随含钢率与套箍系数增加，其荷载-变形发展关系分别如图 2-38～图 2-40 所示。可以清楚地看到，当核心混凝土强度一定时，随试件含钢率增加，N-δ 曲线的线性变化段斜率增加，弹塑性变形段越来越明显，极限荷载明显增加，极限荷载后 N-δ 曲线的下降趋势减缓甚至没有下降段，试件的变形能力与延性性能逐步改善，逐渐呈现出近似钢材的力学性能特征。可见，超高强钢管混凝土也具有很好的延性性能。但钢管混凝土试件的核心混凝土强度越高，需要试件有匹配的含钢率，以保证钢管具有足够的约束能力，能限制核心混凝土的横向变形，提升试件整体变形性能与延性性能。对于 C60、C80、C100 三种钢管混凝土短柱试件，如其 N-δ 曲线在极限荷载后承载力保持基本不下降时，对应的含钢率依次为 16.99%、27.16%、38.72%，实测的套箍系数依次为 1.14、1.58、1.85。

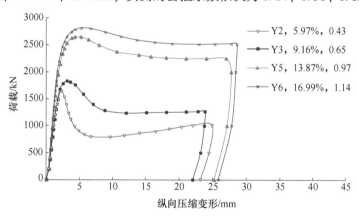

图 2-38 C60 钢管混凝土试件 N-δ 曲线

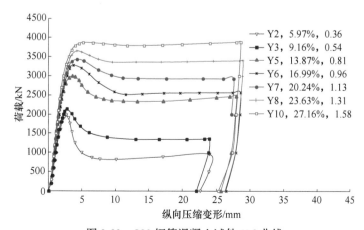

图 2-39 C80 钢管混凝土试件 N-δ 曲线

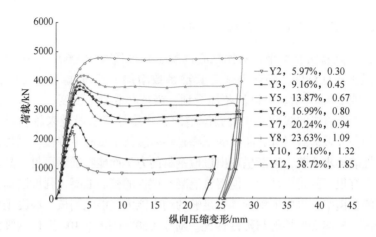

图 2-40 C100 钢管混凝土试件 $N\text{-}\delta$ 曲线

2.4.3.3 延性性能分析

延性或延性比是度量和比较结构或材料的延性的主要数值指标。结构或材料的延性/延性比，是指在保持结构或材料的基本承载力（强度）的情况下，极限变形 D_u 与初始屈服变形 D_y 的比值，即延性系数：$\beta_D = D_u / D_y$。其中，D_u 根据实测的 $N\text{-}\delta$ 曲线的形状进行目估确定，D_y 取最大承载力下降 15%（即 $N_u = 0.85N_b$）时的位移。一般认为钢筋混凝抗震结构要求的延性比为 3~4。若试件屈服后承载力不降低，或者 $N_r \geqslant 0.85N_b$，表明构件具有很好的延性。分析各构件的位移延性系数如表 2-7 所示，表中 N_b 为极限承载力，N_r 指试件剩余承载力。

表 2-7 轴压试验测得的各试件延性系数

系列	试件编号	α_s/%	ξ_0	ξ_t	D_y	D_u	β_D	备注
Y2	Y2-C60-1	5.97	0.70	0.43	2.42	4.76	1.97	—
	Y2-C60-2	5.97	0.70	0.43	1.6	3.11	1.94	—
	Y2-C80-1	5.97	0.53	0.36	1.91	3.37	1.76	—
	Y2-C80-2	5.97	0.53	0.36	2.03	3.22	1.59	—
	Y2-C100-1	5.97	0.44	0.30	2.21	2.95	1.33	—
	Y2-C100-2	5.97	0.44	0.30	2.16	2.8	1.30	—

系列	试件编号	$\alpha_s/\%$	ξ_0	ξ_t	D_y	D_u	β_D	备注
Y3	Y3-C60-1	9.16	1.07	0.65	2.14	5.79	2.71	—
	Y3-C60-2	9.16	1.07	0.65	2.02	5.84	2.89	—
	Y3-C80-1	9.16	0.82	0.54	2.34	4.33	1.85	—
	Y3-C80-2	9.16	0.82	0.54	2.19	3.88	1.77	—
	Y3-C100-1	9.16	0.67	0.45	2.48	3.53	1.42	—
	Y3-C100-2	9.16	0.67	0.45	2.46	4.19	1.70	—
Y5	Y5-C60-1	13.87	1.62	0.97	2.42	—	—	$N_r > 0.85 N_b$
	Y5-C60-2	13.87	1.62	0.97	2.16	—	—	$N_r > 0.85 N_b$
	Y5-C80-1	13.87	1.24	0.81	2.51	5.88	2.34	—
	Y5-C80-2	13.87	1.24	0.81	2.58	4.82	1.87	—
	Y5-C100-1	13.87	1.02	0.67	2.67	5.95	2.23	—
	Y5-C100-2	13.87	1.02	0.67	2.59	4.43	1.71	—
Y6	Y6-C60-1	16.99	1.99	1.14	2.43	—	—	承载力仅小幅下降
	Y6-C60-2	16.99	1.99	1.14	2.40	—	—	承载力仅小幅下降
	Y6-C80-1	16.99	1.52	0.96	2.82	8.29	2.94	—
	Y6-C80-2	16.99	1.52	0.96	2.66	6.32	2.38	—
	Y6-C100-1	16.99	1.25	0.80	2.86	7.43	2.60	—
	Y6-C100-2	16.99	1.25	0.80	2.93	6.65	2.27	—
Y7	Y7-C80-1	20.24	1.81	1.13	2.96	—	—	$N_r > 0.85 N_b$
	Y7-C80-2	20.24	1.81	1.13	2.83	—	—	$N_r > 0.85 N_b$
	Y7-C100-1	20.24	1.49	0.94	2.99	11.69	3.91	—
	Y7-C100-2	20.24	1.49	0.94	2.92	11.22	3.84	—
Y8	Y8-C80-1	23.63	2.12	1.31	2.85	—	—	$N_r > 0.85 N_b$
	Y8-C80-2	23.63	2.12	1.31	2.96	—	—	$N_r > 0.85 N_b$
	Y8-C100-1	23.63	1.74	1.09	2.98	13.91	4.67	—
	Y8-C100-2	23.63	1.74	1.09	2.97	19.97	6.72	—

系列	试件编号	$\alpha_s/\%$	ξ_0	ξ_t	D_y	D_u	β_D	备注
Y10	Y10-C80-1	27.16	2.43	1.58	2.91	—	—	承载力不降低
	Y10-C80-2	27.16	2.43	1.58	3.01	—	—	承载力不降低
	Y10-C100-1	27.16	2.00	1.32	3.06	—	—	$N_r > 0.85N_b$
	Y10-C100-2	27.16	2.00	1.32	3.02	—	—	$N_r > 0.85N_b$
Y12	Y12-C100-1	38.72	2.84	1.85	3.16	—	—	承载力不降低
	Y12-C100-2	38.72	2.84	1.85	3.09	—	—	承载力不降低
YD5	YD5-C60-1	13.87	1.83	1.29	2.52	—	—	$N_r > 0.85N_b$
	YD5-C60-2	13.87	1.83	1.29	2.56	—	—	$N_r > 0.85N_b$
	YD5-C70-1	13.87	1.59	1.16	2.64	9.42	3.57	—
	YD5-C70-2	13.87	1.59	1.16	2.69	11.59	4.31	—
	YD5-C80-1	13.87	1.40	1.08	2.7	12.455	4.61	—
	YD5-C80-2	13.87	1.40	1.08	2.77	10.41	3.76	—
	YD5-C90-1	13.87	1.26	1.00	2.71	9.48	3.50	—
	YD5-C90-2	13.87	1.26	1.00	2.74	7.68	2.80	—
	YD5-C100-1	13.87	1.15	0.90	2.75	5.67	2.06	—
	YD5-C100-2	13.87	1.15	0.90	2.86	7.92	2.77	—

由表 2-7 可见，C60、C80、C100 三种强度等级的钢管混凝土试件，随含钢率增加，试件的延性性能增加，如图 2-41 所示。Y5-C60 组、Y7-C80 组与 Y10-C100 组试件，含钢率分别为 13.87%、20.24% 与 27.16%（对应的套箍系数为 0.97、1.13 与 1.32），各组试件的剩余承载力保持在极限承载力的 85% 以上（$N_r > 0.85N_b$），表明试件具有很好的延性性能。而 Y2、Y3 系列试件含钢率较小，三种强度等级的钢管混凝土试件的延性系数均小于 3，延性性能不够，如图 2-42 所示。另外，由图 2-42 还可以看到，相同含钢率时，混凝土强度越高，试件的延性系数越小。

钢材强度提高，试件的延性系数增加，延性性能改善，如图 2-43 所示，YD5 系列试件含钢率较 Y5 系列试件高，同类型试件的延性系数相应也提高。

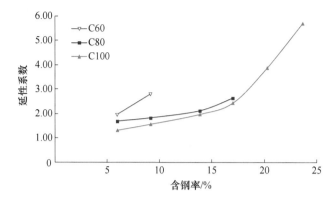

图 2-41　含钢率对延性影响

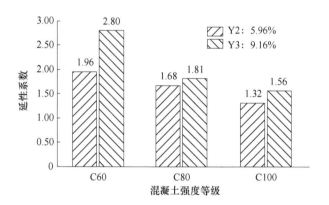

图 2-42　混凝土强度对延性影响

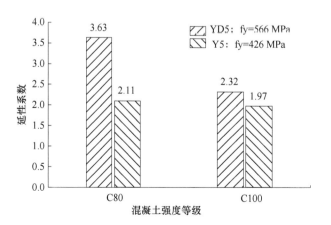

图 2-43　钢材强度对延性影响

2.4.4　等效应力-应变关系分析

等效应力 σ_{sc} 由荷载值 N 除以钢管混凝土全截面面积 A_{sc} 而得（$\sigma_{sc} = N/A_{sc}$），应变则为布置在钢管表面的纵、横向应变片实测应变值 ε_s。由于应变片的粘贴技术有限，当钢管发生屈曲后，其表面的应变片即出现脱粘，无法测得后续试件发生较大屈曲变形的应变数据，因此，等效应力-应变关系曲线（σ_{sc}-ε_s 曲线）只能反映试件在小变形阶段的力学特征。

2.4.4.1　实测 σ_{sc}-ε_s 曲线分析

各系列试件实测的 σ_{sc}-ε_s 曲线如图 2-44 ~ 图 2-53 所示。图中带 "-V1、-V2、-V3、-V4" 的为钢管外表面 4 个纵向应变片的实测值曲线，"-V" 为 4 个纵向应变片实测值的拟合曲线；带 "-H1、-H2、-H3、-H4" 的为钢管外表面 4 个横向应变片的实测值曲线，"-H" 为 4 个横向应变片实测值的拟合曲线。总体来看，在低应力阶段，4 个不同部位的纵、横向应变发展均较同步，且都近似呈线性增长；随应力增加，由于混凝土的横向膨胀变形加大，在某一薄弱部位先进入塑性状态，相应的钢管表面局部应变较其他部位增长加快，截面应力出现重分布；随后试件进入弹塑性变形阶段，应力进一步增加，4 个不同部位的应变发展差异加大，但 4 条实测值曲线的拟合曲线发展规律较清晰。由于核心混凝土强度与含钢率不同，各类试件的实测 σ_{sc}-ε_s 曲线发展趋势，以及局部应变突增时的应力 σ_{sc}^1、峰值应力 σ_{sc}^u 与峰值应变 ε_s^u、组合模量 E_{sc} 等特征参数各异，具体如下所述。

（1）Y2 系列试件。图 2-44 为 Y2 系列试件实测 σ_{sc}-ε_s 曲线，表 2-8 为各曲线的特征值汇总。Y2-C60、Y2-C80、Y2-C100 三组试件，实测峰值应力分别为 107.2 MPa、128.6 MPa、145.5 MPa，纵向峰值应变分别为 4099 $\mu\varepsilon$、3854 $\mu\varepsilon$、3098 $\mu\varepsilon$，组合模量分别为 47412 MPa、52129 MPa、57112 MPa。由于 Y2 系列试件的含钢率较低（$\alpha_s = 5.97\%$），钢管对核心混凝土的横向变形约束作用有限，

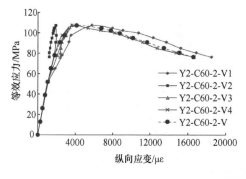
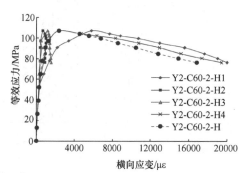

(a)

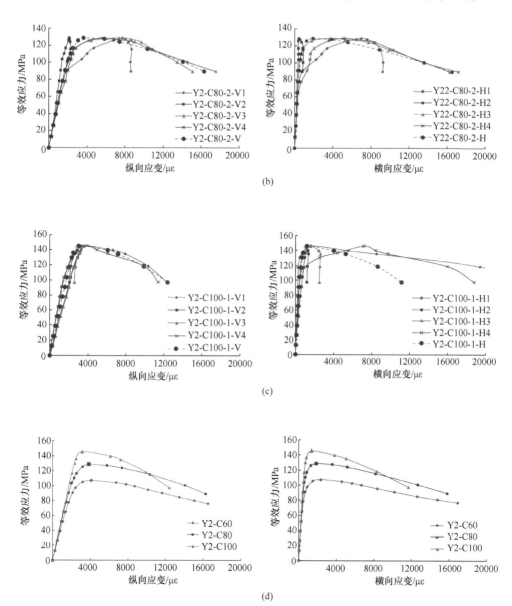

图 2-44 Y2 系列试件 σ_{sc}-ε_s 曲线

（a）Y2-C60；（b）Y2-C80；（c）Y2-C100；（d）Y2 系列三组试件 σ_{sc}-ε_s 曲线对比

三组试件达到极限强度后应力逐渐下降，且核心混凝土强度越高，σ_{sc}-ε_s 曲线峰值点后下降段越陡。另外，三组试件钢管表面局部应变突增时的应力 σ_{sc}^1 均不高，其与峰值应力 f_{sc}^u 的比值（σ_{sc}^1/f_{sc}^u）分别为 60.6%、70.7%、80.3%，与核心混凝土单轴受压时发生塑性应变的应力水平接近。

表 2-8　特征值测试结果汇总

试件	局部应变突增时应力 σ_{sc}^1 /MPa	组合峰值应力 f_{sc}^u /MPa	σ_{sc}^1/f_{sc}^u/%	峰值应变 ε_{su}		组合模量 E_{sc} /MPa
				纵向	横向	
Y2-C60	65.0	107.2	60.6	4099	2334	47412
Y2-C80	90.9	128.6	70.7	3854	1925	53338
Y2-C100	116.9	145.5	80.3	3098	1359	57112

（2）Y3 系列试件。图 2-45 为 Y3 系列试件实测 σ_{sc}-ε_s 曲线，表 2-9 为各曲线的特征值汇总。Y3-C60、Y3-C80、Y3-C100 三组试件，实测峰值应力分别为 119.2 MPa、139.0 MPa、165.0 MPa，纵向峰值应变分别为 5228 $\mu\varepsilon$、4212 $\mu\varepsilon$、3560 $\mu\varepsilon$，组合模量分别为 51625 MPa、57032 MPa、62458 MPa。与 Y2 系列相比，Y3 系列试件含钢率提高（$\alpha_s = 9.16\%$），其各特征参数均提高，峰值点后 σ_{sc}-ε_s 曲线的下降趋势减缓，特别是 Y3-C60 试件峰值点后 σ_{sc}-ε_s 曲线仅有小幅下降且平缓。Y3 系列三组试件的 σ_{sc}^1/f_{sc}^u 值分别为 62.5%、72.2%、81.2%，较 Y2 系列试件有一定的提高，表明钢管对混凝土的横向变形约束增强，试件的弹性变形阶段延长。

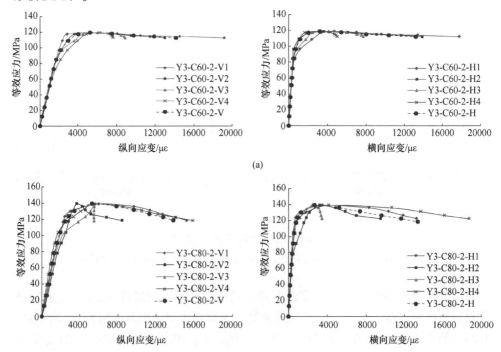

（a）

（b）

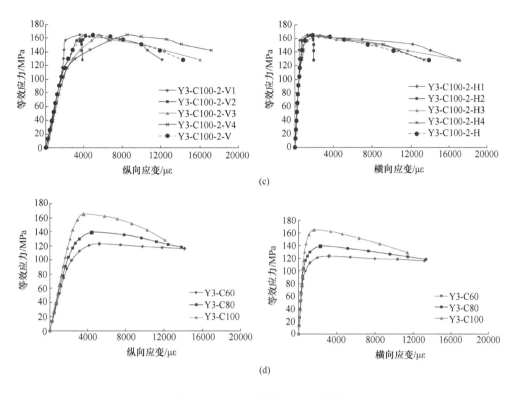

图 2-45 Y3 系列试件 σ_{sc}-ε_s 曲线

（a）Y3-C60；（b）Y3-C80；（c）Y3-C100；（d）Y3 系列三组试件 σ_{sc}-ε_s 曲线对比

表 2-9 特征值测试结果汇总

试件	局部应变突增时应力 σ_{sc}^1 /MPa	组合峰值应力 f_{sc}^u /MPa	σ_{sc}^1/f_{sc}^u/%	峰值应变 ε_{su} 纵向	横向	组合模量 E_{sc}/MPa
Y3-C60	74.5	119.2	62.5	5228	3213	51626
Y3-C80	100.4	139.0	72.2	4212	2146	57032
Y3-C100	133.9	165.0	81.2	3560	1655	62458

（3）Y5 系列试件。图 2-46 为 Y5 系列试件（α_s=13.87%）实测 σ_{sc}-ε_s 曲线，表 2-10 为各曲线的特征值汇总。Y5-C60、Y5-C80、Y5-C100 三组试件，实测峰值应力分别为 133.4 MPa、151.1 MPa、172.7 MPa，纵向峰值应变分别为 7967 $\mu\varepsilon$、5014 $\mu\varepsilon$、3744 $\mu\varepsilon$，组合模量分别为 56105 MPa、61776 MPa、67127 MPa，均较 Y3 系列试件提高。Y5-C60 试件峰值应变已达 7967 $\mu\varepsilon$，弹塑性变形十分明显，峰值点后 σ_{sc}-ε_s 曲线接近水平线，与图 2-47 中钢材的应力-应变关系曲线发展

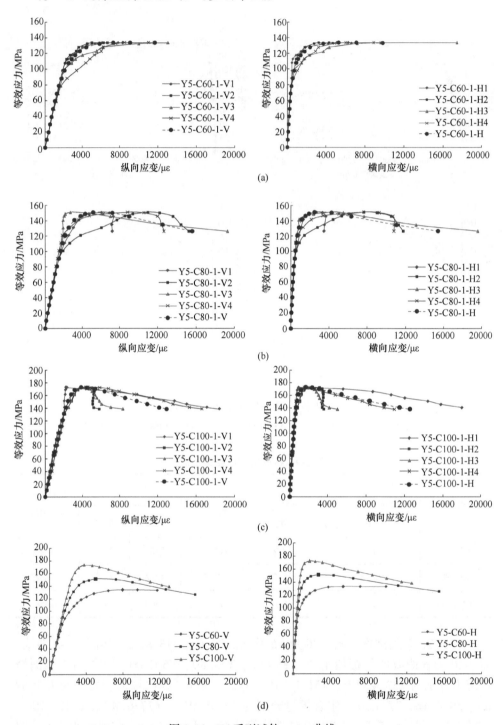

图 2-46 Y5 系列试件 σ_{sc}-ε_s 曲线

（a）Y5-C60；（b）Y5-C80；（c）Y5-C100；（d）Y5 系列三组试件 σ_{sc}-ε_s 曲线对比

趋势类似；Y5-C80、Y5-C100 试件峰值点后的下降趋势也进一步缓和。Y5 系列三组试件的 $\sigma_{sc}^l/\sigma_{sc}^u$ 值分别为 66.2%、73.3%、81.6%，较 Y2 与 Y3 系列试件有一定提高，且 Y5-C60 试件提高较明显，而 Y5-C80、Y5-C100 试件提高幅度不大。可见，混凝土强度越高，需匹配更高的含钢率，以约束混凝土的横向膨胀变形，提升试件的延性与塑性变形性能。

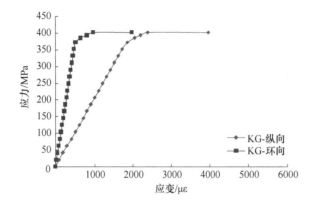

图 2-47 空钢管试件 σ_{sc}-ε_s 曲线

表 2-10 特征值测试结果汇总

试件	局部应变突增时应力 σ_{sc}^l /MPa	组合峰值应力 f_{sc}^u /MPa	σ_{sc}^l/f_{sc}^u/%	峰值应变 ε_{su} 纵向	峰值应变 ε_{su} 横向	组合模量 E_{sc}/MPa
Y5-C60	88.3	133.4	66.2	7967	5311	56105
Y5-C80	110.8	151.1	73.3	5014	2667	61776
Y5-C100	141.0	172.7	81.6	3744	1703	67127

（6）Y6 系列试件。图 2-48 为 Y6 系列试件（α_s = 16.99%）实测 σ_{sc}-ε_s 曲线，表 2-11 为各曲线的特征值汇总。Y6-C60、Y6-C80、Y6-C100 三组试件，实测峰值应力分别为 141.5 MPa、165.1 MPa、187.1 MPa，纵向峰值应变分别为 9434 $\mu\varepsilon$、5814 $\mu\varepsilon$、4161 $\mu\varepsilon$，组合模量分别为 58222 MPa、64162 MPa、69267 MPa，均较 Y5 系列试件提高。Y6-C60 试件 σ_{sc}-ε_s 曲线峰值点后基本呈水平发展，与钢材的应力-应变关系曲线发展趋势一致；Y6-C80 试件 σ_{sc}-ε_s 曲线峰值点后下降幅度小且平缓；Y6-C100 试件峰值点后的下降趋势也进一步缓和。Y6 系列三组试件的 σ_{sc}^l/f_{sc}^u 值分别为 71.4%、76.3%、82.0%，与 Y5 系列试件相比，Y6-C60 的 σ_{sc}^l/f_{sc}^u 值提高最大，Y6-C80 其次，Y6-C100 最小。可见，要改善 C80、C100 钢管混凝土的塑性变形性能与延性性能，需进一步提高含钢率。

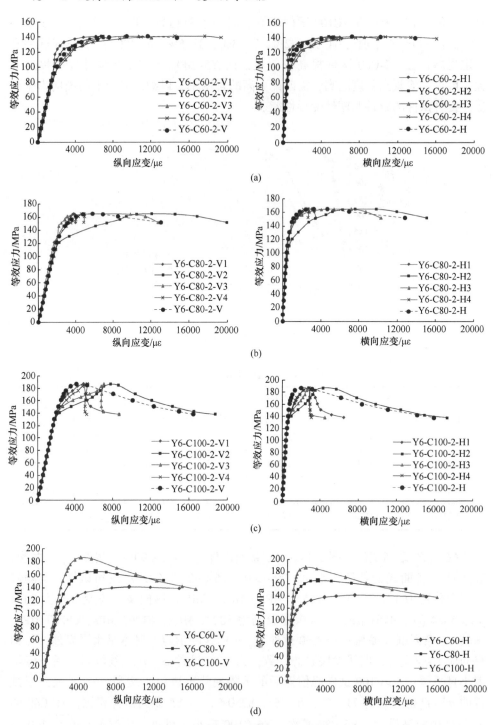

图 2-48　Y6 系列试件 σ_{sc}-ε_s 曲线

（a）Y6-C60；（b）Y6-C80；（c）Y6-C100；（d）Y6 系列三组试件 σ_{sc}-ε_s 曲线对比

表 2-11 特征值测试结果汇总

试件	局部应变突增时应力 σ_{sc}^{l} /MPa	组合峰值应力 f_{sc}^{u} /MPa	$\sigma_{sc}^{l}/f_{sc}^{u}$/%	峰值应变 ε_{su}		组合模量 E_{sc}/MPa
				纵向	横向	
Y6-C60	101.0	141.5	71.4	9434	7214	58222
Y6-C80	125.9	165.1	76.3	5814	3311	64162
Y6-C100	153.5	187.1	82.0	4161	1977	69267

（7）Y7 系列试件。图 2-49 为 Y7 系列试件（$\alpha_s = 20.24\%$）实测 σ_{sc}-ε_s 曲线，表 2-12 为各曲线的特征值汇总。Y7-C80、Y7-C100 两组试件，实测峰值应力分别为 174.6 MPa、193.2 MPa，纵向峰值应变分别为 6117 με、4373 με，组合模量分别为 67215 MPa、71313 MPa，均较 Y6 系列试件提高，σ_{sc}-ε_s 曲线峰值点后下降趋势减缓。Y7 系列两组试件的 $\sigma_{sc}^{l}/f_{sc}^{u}$ 值分别为 77.5%、82.6%，较 Y6 系列试件仅有小幅提高，因此，还需进一步提高试件含钢率。

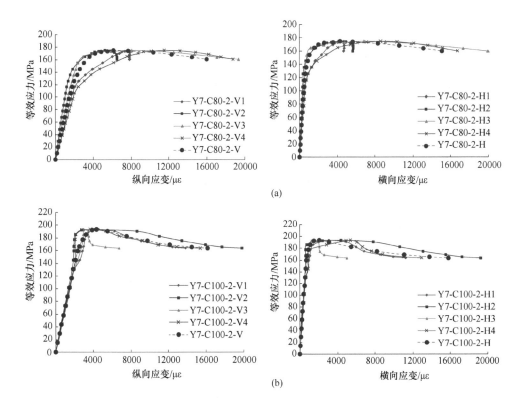

(a)

(b)

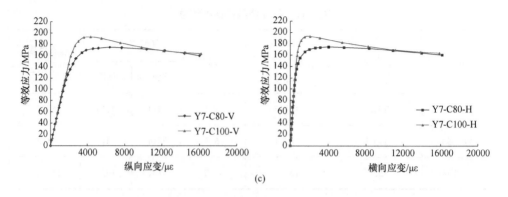

图 2-49 Y7 系列试件 σ_{sc}-ε_s 曲线

(a) Y7-C80; (b) Y7-C100; (c) Y7 系列两组试件 σ_{sc}-ε_s 曲线对比

表 2-12 特征值测试结果汇总

试件	局部应变突增时应力 σ_{sc}^l /MPa	组合峰值应力 f_{sc}^u /MPa	σ_{sc}^l / f_{sc}^u /%	峰值应变 ε_{su} 纵向	峰值应变 ε_{su} 横向	组合模量 E_{sc}/MPa
Y7-C80	135.4	174.6	77.5	6117	4197	67215
Y7-C100	159.5	193.2	82.6	4373	2078	71313

(8) Y8 系列试件。图 2-50 为 Y8 系列试件（$\alpha_s = 23.63\%$）实测 σ_{sc}-ε_s 曲线，表 2-13 为各曲线的特征值汇总。Y8-C80、Y8-C100 两组试件，实测峰值应力分别为 184.2 MPa、199.7 MPa，纵向峰值应变分别为 7158 $\mu\varepsilon$、4887 $\mu\varepsilon$，组合模量分别为 69731 MPa、73882 MPa。Y8-C80 试件峰值点后 σ_{sc}-ε_s 曲线接近水平线，接近钢材的应力-应变关系曲线发展趋势；Y8-C100 试件 σ_{sc}-ε_s 曲线峰值点后降幅减小、下降趋势明显减缓。Y8 系列两组试件的 σ_{sc}^l / f_{sc}^u 值分别为 82.0%、83.2%，

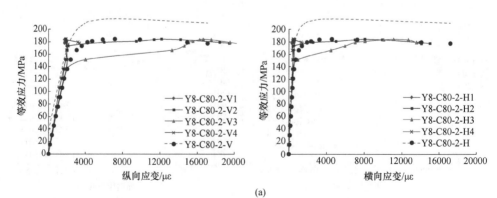

(a)

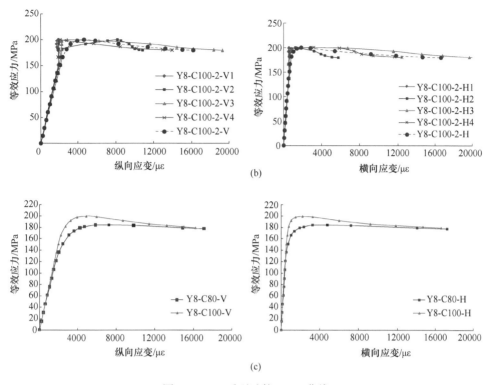

图 2-50 Y8 系列试件 σ_{sc}-ε_s 曲线

(a) Y8-C80；(b) Y8-C100；(c) 两组试件 σ_{sc}-ε_s 曲线对比

与 Y7 系列试件相比，Y8-C80 试件 $\sigma_{sc}^l/\sigma_{sc}^u$ 值提高明显，而 Y8-C100 试件提高幅度不大。表明 Y8 系列试件，钢管能有效约束 C80 混凝土的横向膨胀变形，对 C100 混凝土的横向变形也有较好的限制作用，但还可进一步提高含钢率以提供更强的套箍作用，约束 C100 混凝土的横向变形，延缓峰值点后承载能力衰减。

表 2-13 特征值测试结果汇总

试件	局部应变突增时应力 σ_{sc}^l /MPa	组合峰值应力 f_{sc}^u /MPa	σ_{sc}^l/f_{sc}^u/%	峰值应变 ε_{su}		组合模量 E_{sc}/MPa
				纵向	横向	
Y8-C80	151.1	184.2	82.0	7258	4766	69731
Y8-C100	166.2	199.7	83.2	4887	2233	73882

（9）Y10 系列试件。图 2-51 为 Y10 系列试件（$\alpha_s = 27.16\%$）实测 σ_{sc}-ε_s 曲线，表 2-14 为各曲线的特征值汇总。Y10-C80、Y10-C100 两组试件，实测峰值应力分别为 194.9 MPa、211.5 MPa，纵向峰值应变分别为 11550 $\mu\varepsilon$、5696 $\mu\varepsilon$，

组合模量分别为 72510 MPa、78601 MPa。Y10-C100 试件峰值应变已达 11550 $\mu\varepsilon$，塑性变形很充分，峰值点后 σ_{sc}-ε_s 曲线基本呈水平线，已与钢材的应力-应变关系曲线发展趋势一致；Y10-C100 试件 σ_{sc}-ε_s 曲线峰值点后仅有小幅下降且十分平缓。Y10 系列两组试件的 σ_{sc}^1/f_{sc}^u 值分别为 85.3%、85.7%，与 Y8 系列试件相比，提高幅度均较小。可见，进一步增加含钢率，对提高 C80 钢管混凝土的线弹性变形阶段比例、后期变形性能与延性性能的贡献程度有限。

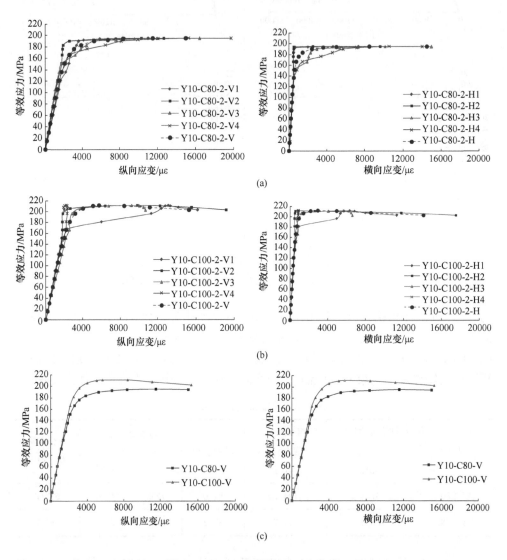

图 2-51　Y10 系列试件 σ_{sc}-ε_s 曲线

（a）Y10-C80；（b）Y10-C100；（c）两组试件 σ_{sc}-ε_s 曲线对比

表 2-14 特征值测试结果汇总

试件	局部应变突增时应力 σ_{sc}^1 /MPa	组合峰值应力 f_{sc}^u /MPa	σ_{sc}^1/f_{sc}^u/%	峰值应变 ε_{su}		组合模量 E_{sc}/MPa
				纵向	横向	
Y10-C80	166.2	194.9	85.3	11550	8466	72510
Y10-C100	181.3	211.5	85.7	5696	2939	78601

（10）Y12 系列试件。图 2-52 为 Y12 系列试件（$\alpha_s = 38.72\%$）实测 σ_{sc}-ε_s 曲线，表 2-15 为各曲线的特征值汇总。Y12-C100 试件的实测峰值应力为 241.5 MPa，组合模量为 86371 MPa，纵向峰值应变为 12147 $\mu\varepsilon$。其 σ_{sc}^1/f_{sc}^u 值为 90.1%，较 Y10-C100 试件有较大提高，表明钢管对核心混凝土的横向变形约束进一步增强。但 Y12-C100 试件的纵向峰值应变已达 12147 $\mu\varepsilon$，其进入弹塑性状态后，塑性变形很充分，峰值点后 σ_{sc}-ε_s 曲线基本呈水平线，与钢材的应力-应变关系曲线发展趋势一致。

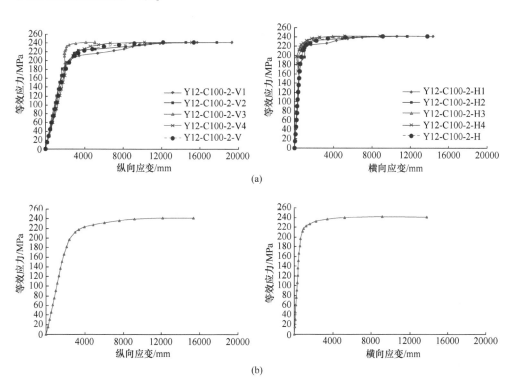

图 2-52 Y12 系列试件 σ_{sc}-ε_s 曲线

（a）Y12-C100-2-V；（b）Y12-C100-2-H

表 2-15 特征值测试结果汇总

试件	局部应变突增时应力 σ_{sc}^1 /MPa	组合峰值应力 f_{sc}^u /MPa	σ_{sc}^1/f_{sc}^u /%	峰值应变 ε_{su}		组合模量 E_{sc} /MPa
				纵向	横向	
Y12-C100	217.5	241.5	90.1	12147	9156	86371

(11) YD5 系列试件。图 2-53 为 YD5 系列试件（$\alpha_s = 13.87\%$）实测 σ_{sc}-ε_s 曲线，表 2-16 为各曲线的特征值汇总。YD5 系列试件主要考察混凝土强度对构件力学行为的影响，五组试件实测峰值应力分别为 144.7 MPa、150.6 MPa、158.1 MPa、166.4 MPa、180.3 MPa，纵向峰值应变分别为 5819 με、5312 με、4834 με、418 με、53289 με，组合模量分别为 58848 MPa、61432 MPa、63371 MPa、65864 MPa、68525 MPa，σ_{sc}^1/f_{sc}^u 分别为 69.6%、73.6%、76.5%、83.5%、82.4%。可见，钢管类型一致时，随核心混凝土强度增加，组合应力与组合模量增加，σ_{sc}^1/f_{sc}^u 也基本呈增加趋势，σ_{sc}-ε_s 曲线的弹性变形段延长[见图 2-53（f）]，但峰值应变减小，峰值点后 σ_{sc}-ε_s 曲线的下降幅度与下降段斜率增加，后期变形性能与延性减小，因此对于超高强混凝土应提高含钢率，以增强钢管对核心混凝土的套箍作用，增加构件的延性性能与后期变形能力。

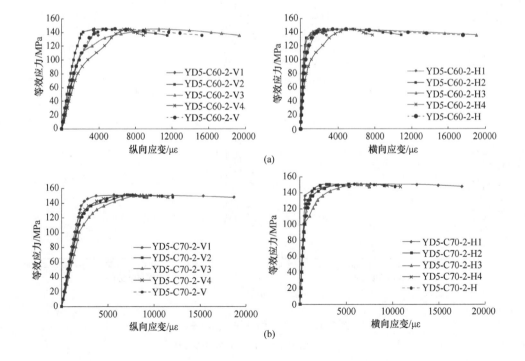

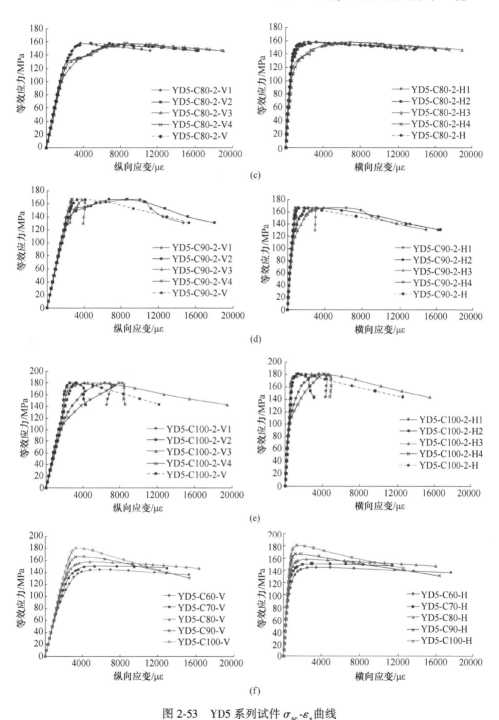

图 2-53 YD5 系列试件 σ_{sc}-ε_s 曲线

(a) YD5-C60; (b) YD5-C70; (c) YD5-C80; (d) YD5-C90; (e) YD5-C100; (f) 五组试件 σ_{sc}-ε_s 曲线对比

表 2-16 特征值测试结果汇总

试件	局部应变突增时应力 σ_{sc}^l /MPa	组合峰值应力 f_{sc}^u /MPa	σ_{sc}^l/f_{sc}^u/%	峰值应变 ε_{su}		组合模量 E_{sc} /MPa
				纵向	横向	
YD5-C60	100.7	144.7	69.6	5819	3445	58848
YD5-C70	110.8	150.6	73.6	5312	2984	61432
YD5-C80	120.9	158.1	76.5	4834	2423	63371
YD5-C90	138.9	166.2	83.5	4185	1837	65864
YD5-C100	148.5	180.3	82.4	3289	1376	68525

2.4.4.2 各系列试件 σ_{sc}-ε_s 曲线对比分析

根据试验实测结果，对比核心混凝土强度等级为 C60、C80、C100 的三种钢管混凝土短柱试件，随含钢率增加其等效应力-应变发展关系（σ_{sc}-ε_s 曲线）分别如图 2-54~图 2-57 所示。由图可知，三种不同强度等级的钢混凝土试件，随含钢率的增加，套箍系数增加，σ_{sc}-ε_s 曲线的近似弹性变形阶段长、初始斜率高，组合刚度大，且峰值应力与峰值应变均逐渐增加，峰值点后曲线下降趋势减缓并逐步发展成近似水平线。由此可见，随含钢率增加，钢管对核心混凝土的套箍作用增强，试件弹塑性变形发展较充分，延性与变形性能好，逐渐接近钢材屈服后的力学性能特征。C60、C80、C100 的三种钢管混凝土短柱试件 σ_{sc}-ε_s 曲线峰值点后基本不下降的含钢率依次为 13.87%、20.24%、27.16%，套箍系数为 0.97、1.13、1.32。

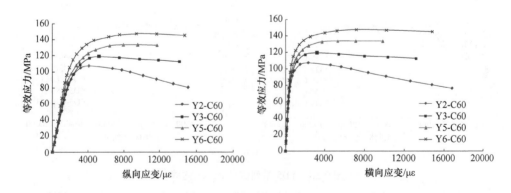

图 2-54 C60 钢管混凝土试件 σ_{sc}-ε_s 曲线

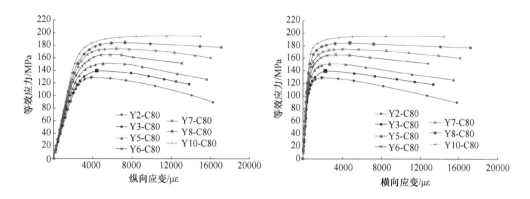

图 2-55　C80 钢管混凝土试件 σ_{sc}-ε_s 曲线

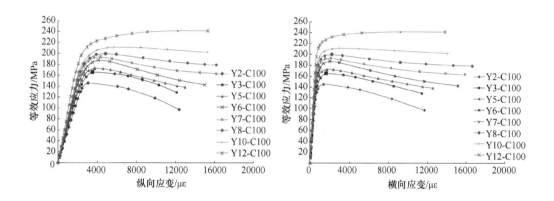

图 2-56　C100 钢管混凝土试件 σ_{sc}-ε_s 曲线

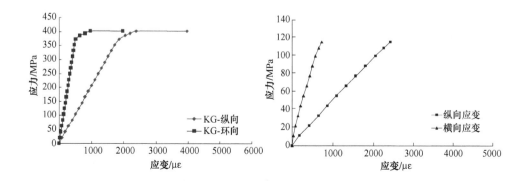

图 2-57　超高强混凝土与空钢管试件 σ-ε 曲线

2.4.5　横向变形系数分析

构件承受轴向压力时，由于泊松效应的影响，会形成横向膨胀变形。横向应变与纵向应变的比值即为横向变形系数（匀质材料为泊松比 μ），能较好地反映试件的横向变形特征。

2.4.5.1　实测等效应力-横向变形系数曲线

各系列试件实测的等效应力-横向变形系数关系曲线如图2-58~图2-66所示。可以看到，各系列试件的横向变形系数在加载初期较稳定，表明试件横向应变与纵向应变增长幅度一致，横向变形与纵向变形同步增长。试件随之进入弹塑性变形阶段后，横向变形系数逐渐增大，主要因高应力状态下，管内混凝土的微裂纹发展而开始横向膨胀变形挤压钢管，当钢管屈服后，不能有效约束混凝土的横向变形，致使横向应变的增加幅度较纵向应变大；达到峰值应力后，管内混凝土横向膨胀加快，横向变形系数也显著增长，截面横向变形显著发展，在试件外表可观察到整体鼓胀与局部屈曲。

另外，试件进入弹塑性变形阶段后，横向变形系数开始显著增长，通过与各试件的等效应力-应变关系曲线对比，可以发现，横向变形系数开始逐渐增大时的应力，与4个测点 σ_{sc}-ε_s 曲线应变发展不同步（局部应变突增）时的应力基本一致，说明横向变形系数增长加快主要是由钢管已屈服，其对管内混凝土横向膨胀限制逐渐减弱所致。

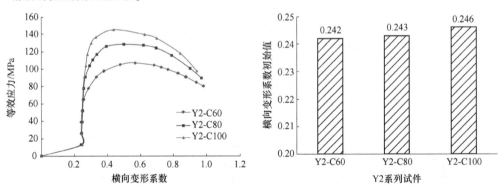

图2-58　Y2系列试件等效应力-横向变形系数关系

2.4.5.2　含钢率相同时横向变形系数分析

由图2-66中YD5系列试件等效应力-横向变形系数关系曲线可以发现，含钢率相同时，C60~C100强度等级的钢管试件，混凝土强度越高，横向变形系数的稳定发展期越长，截面稳定性越好，构件的弹性工作阶段也越长。且随混凝土强度增加，试件的横向变形系数初始值略有增加。

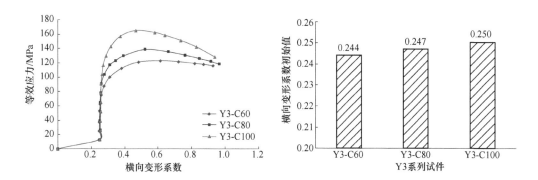

图 2-59 Y3 系列试件等效应力-横向变形系数关系

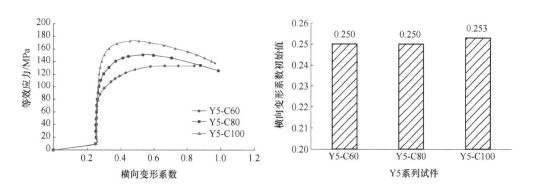

图 2-60 Y5 系列试件等效应力-横向变形系数关系

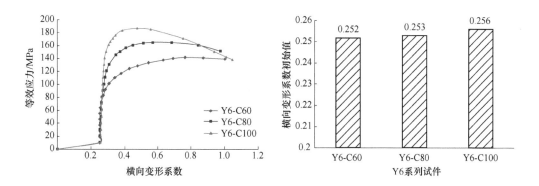

图 2-61 Y6 系列试件等效应力-横向变形系数关系

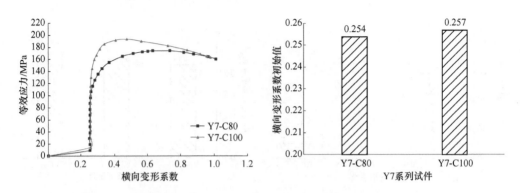

图 2-62 Y7 系列试件等效应力-横向变形系数关系

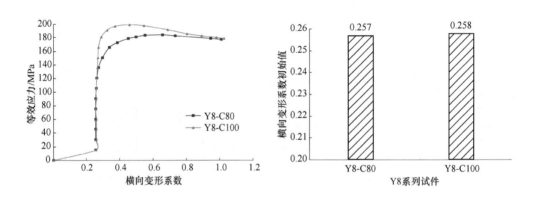

图 2-63 Y8 系列试件等效应力-横向变形系数关系

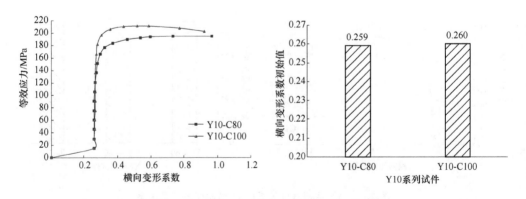

图 2-64 Y10 系列试件等效应力-横向变形系数关系

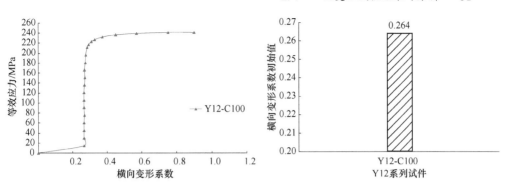

图 2-65 Y12 系列试件等效应力-横向变形系数关系

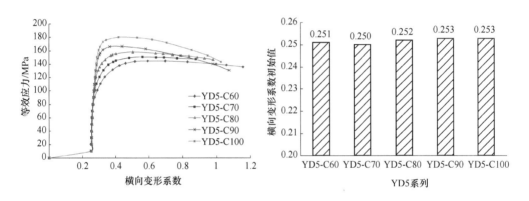

图 2-66 YD5 系列试件等效应力-横向变形系数关系

2.4.5.3 混凝土强度相同时横向变形系数分析

管内混凝土强度一致，随试件含钢率增加，等效应力-横向变形系数关系曲线对比如图 2-67～图 2-69 所示。由图可知，C60、C80、C100 三种不同强度等级钢管混凝土试件，随含钢率增加，试件的横向变形系数初始值相应也越大，但增长趋势逐渐减弱。另外，含钢率越高，对混凝土的横向变形约束作用越强，试件的弹性工作阶段越长，横向变形系数的稳定发展期也越长，逐渐向钢材的泊松比发展趋势靠拢，尤其是 Y10-C80、Y12-C100 试件，试件屈服前其横向变形系数曲线与钢材的泊松比发展曲线基本一致。

2.4.5.4 初始横向变形系数分析

图 2-70 为 C60、C80、C100 三种不同强度等级钢管混凝土试件横向变形系数初始值对比。当含钢率相同（同类型钢管），C100 钢管混凝土试件初始横向变形系数最大，C60 钢管混凝土试件初始横向变形系数相对最小。可见，管内混凝土

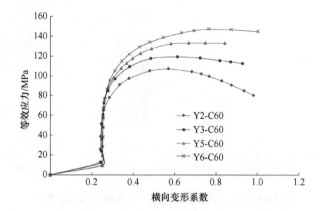

图 2-67 C60 钢管混凝土试件横向变形系数

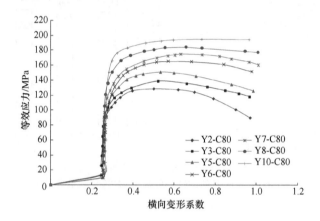

图 2-68 C80 钢管混凝土试件横向变形系数

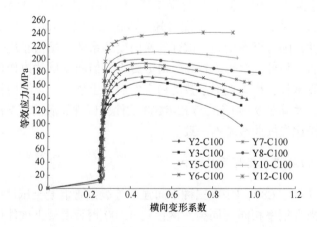

图 2-69 C100 钢管混凝土试件横向变形系数

强度越高，横向变形系数的初始值越大。另外，图 2-70 中各试件的横向变形系数初始值大致位于 0.241~0.265，较 C60 以下强度等级钢管混凝土试件的横向变形系数初始值（0.232~0.244）大，更接近钢材的泊松比（$\mu_s \approx 0.283$）。说明超高强钢管混凝土中钢管对混凝土核心混凝土的套箍约束作用较普通混凝土提前。主要原因是混凝土强度越高时，初始横向变形系数越大（见图 2-71），C80~C100 混凝土的横向变形初始值 μ_h 为 0.20~0.22，而普通混凝土的横向变形初始值 μ_h 约为 0.173，超高强混凝土的横向变形超过钢材横向变形（$\mu_h > \mu_s$）的时间较普通混凝土早，因此钢管对超高强混凝土的约束作用较普通混凝土提前形成，二者更早地进入共同工作状态，超高强钢管混凝土的初始横向变形系数较普通钢管混凝土高。

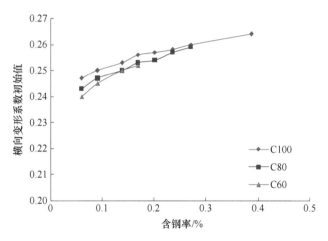

图 2-70　横向变形系数初始值对比

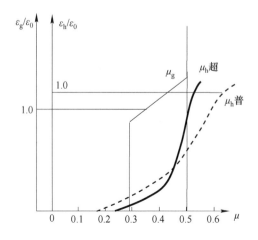

图 2-71　横向变形系数变化过程

但含钢率越高，图 2-70 中三条曲线逐渐靠拢，表明混凝土强度对横向变形系数初始值的影响逐渐减弱，含钢率对截面横向变形的影响逐渐占主导作用。

2.4.6 承载能力分析

根据试验测试结果，可以看到混凝土强度、含钢率与钢材强度对超高强钢管混凝土试件的承载能力均有一定的影响。图 2-72 描述了混凝土强度对试件承载能力的影响规律，可见，随混凝土强度增加，各系列试件的承载力或等效应力均基本呈线性增加，说明钢管对超高强混凝土的约束效应与普通混凝土是一致的。由于 Y2、Y3 试件钢管外径（$D=140$ mm）较其他系列（$D=159$ mm）小，承载力较其他试件明显减小。含钢率对试件承载能力的影响如图 2-73 所示，含钢率越高，试件承载力或等效应力越大，但承载力与等效应力的增加幅度略有减小。

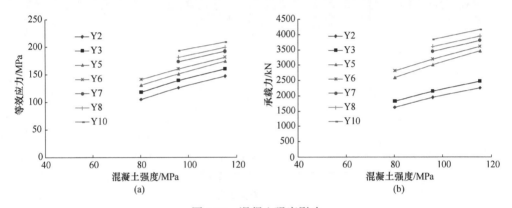

图 2-72 混凝土强度影响

（a）对等效应力影响；（b）对承载力影响

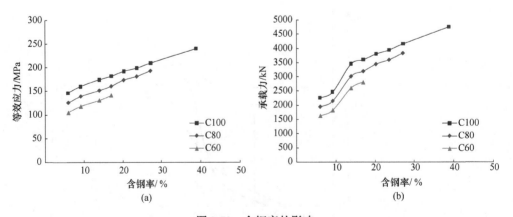

图 2-73 含钢率的影响

（a）对等效应力影响；（b）对承载力影响

另外，钢管与混凝土类型一致时，钢材强度越高，试件的承载力与等效应力越高，如图 2-74 所示，YD5 系列试件含钢率较 Y5 系列试件高，相应的试件承载力与等效应力均提高。

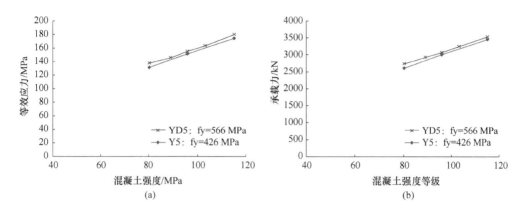

图 2-74　钢材强度影响

（a）对等效应力影响；（b）对承载力影响

2.4.7　计算方法探讨

（1）组合应力。按 JTG/T D65-06—2015 规范计算的组合应力 f_{scy} ［式（2-3）］与实测组合应力峰值如表 2-17 所示，表中 f_{scy}^1 与 f_{scy}^2 按照式（2-3）计算获得，采用材料设计值与实测值计算的超高强钢管混凝土组合强度。

$$f_{sc} = (1.14 + 1.02\xi_0)f_{cd} \tag{2-3}$$

由表 2-17 可见，实测极限强度 f_{scy}^e 与采用材料设计值按规范计算结果 f_{scy}^1 之比 f_{scy}^e/f_{scy}^1 为 1.41~2.19，虽然安全系数较高，但离散性大。混凝土强度越高，该比值越大；混凝土强度一致时，含钢率越高，该比值越小。可见，规范公式对低含钢率的超高强钢管混凝土，其计算值偏低，而对高含钢率的超高强钢管混凝土，其计算值偏高。

实测极限强度 f_{scy}^e 与采用材料实测值按规范计算结果 f_{scy}^2 之比 f_{scy}^e/f_{scy}^2 为 0.90~1.16。同样，对于低含钢率试件（例如 Y2 系列），其计算值较实测值小，约小 16%；对于高含钢率试件（例如 Y12 系列），其计算值较实测值高，高出约 10%。但由图 2-73 所示的含钢率对实测承载力的影响规律可见，含钢率越高，承载力增长越缓，因此规范公式计算值与实测值的差异较大。

表 2-17　组合应力计算值与实测值对比

系列	试件	f_{scy}^{e} /MPa	式 (2-3)				式 (2-4)			
			f_{scy}^{1} /MPa	f_{scy}^{2} /MPa	f_{scy}^{e}/f_{scy}^{1}	f_{scy}^{e}/f_{scy}^{2}	f_{scy}^{3} /MPa	f_{scy}^{4} /MPa	f_{scy}^{e}/f_{scy}^{3}	f_{scy}^{e}/f_{scy}^{4}
Y2	Y2-C60	105.2	49.1	96.1	2.14	1.10	52.2	109.0	2.01	0.97
	Y2-C80	126.0	58.3	109.6	2.16	1.15	64.3	126.7	1.96	0.99
	Y2-C100	146.8	67.0	126.3	2.19	1.16	75.6	148.6	1.94	0.99
Y3	Y3-C60	118.2	59.2	109.8	2.00	1.08	59.0	118.3	2.00	1.00
	Y3-C80	139.3	68.4	123.4	2.04	1.13	71.1	136.0	1.96	1.02
	Y3-C100	160.2	77.1	140.1	2.08	1.14	82.4	157.9	1.94	1.01
Y5	Y5-C60	131.1	74.1	129.8	1.77	1.01	69.1	131.8	1.90	0.99
	Y5-C80	151.5	83.3	143.4	1.82	1.06	81.2	149.5	1.87	1.01
	Y5-C100	174.3	92.0	160.1	1.90	1.09	92.5	171.4	1.88	1.02
Y6	Y6-C60	141.5	83.9	140.8	1.69	1.00	75.8	139.2	1.87	1.02
	Y6-C80	160.6	93.2	154.3	1.72	1.04	87.8	156.9	1.83	1.02
	Y6-C100	181.7	101.8	171.0	1.78	1.06	99.2	178.8	1.83	1.02
Y7	Y7-C80	173.5	103.4	166.9	1.68	1.04	94.8	165.4	1.83	1.05
	Y7-C100	191.9	112.1	183.6	1.71	1.05	106.1	187.3	1.81	1.03
Y8	Y8-C80	181.2	114.2	180.5	1.59	1.00	102.0	174.5	1.78	1.04
	Y8-C100	199.0	122.8	197.2	1.62	1.01	113.3	196.4	1.76	1.01
Y10	Y10-C80	193.0	125.3	200.5	1.54	0.96	109.6	188.0	1.76	1.03
	Y10-C100	209.8	134.0	217.3	1.57	0.97	120.9	209.9	1.74	1.00
Y12	Y12-C100	239.6	170.5	264.9	1.41	0.90	145.6	242.1	1.65	0.99
YD5	YD5-C60	137.8	79.7	149.6	1.73	0.92	72.9	145.1	1.89	0.95
	YD5-C70	147.8	84.3	157.1	1.75	0.94	78.9	154.9	1.87	0.95
	YD5-C80	155.3	89.0	163.2	1.75	0.95	85.0	162.8	1.83	0.95
	YD5-C90	163.8	93.4	169.4	1.75	0.97	90.8	171.0	1.80	0.96
	YD5-C100	178.1	97.6	179.9	1.82	0.99	96.3	184.7	1.85	0.96

由于超高强钢管混凝土的管内混凝土强度较高，为保持较好的延性性能，其含钢率一般也较高，可见设计规范中普通钢管混凝土强度计算方法［式（2-3）］不能适用于超高强钢管混凝土的计算。因此，根据各参数对承载力的影响规律分析，基于实测强度数据，通过回归分析（见图 2-75），得到了超高强钢管混凝土的组合强度计算方法，如式（2-4）所示（$f_{cu} \geqslant 80$ MPa）：

$$f_{sc} = (1.490 + 0.689\xi_0)f_{cd} \tag{2-4}$$

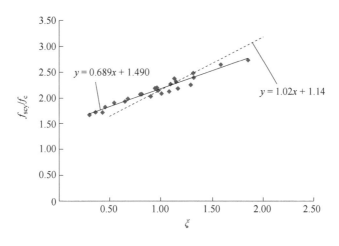

图 2-75 ξ 与 f_{sc}/f_c 的关系

根据式（2-4），采用材料设计值与实测值计算的超高强钢管混凝土强度如表 2-17 中 f_{scy}^3 与 f_{scy}^4 所示。分析实测极限强度（f_{scy}^e）与 f_{scy}^3、f_{scy}^4 的比值关系可以看到，实测极限强度（f_{scy}^e）与采用材料设计值计算结果（f_{scy}^3）之比（f_{scy}^e/f_{scy}^3）约为 1.65～2.01，对不同含钢率试件的强度计算值适应性较好。其实测极限强度（f_{scy}^e）与采用材料实测值计算结果（f_{scy}^4）之比（f_{scy}^e/f_{scy}^4）为 0.95～1.05，材料实测值计算的超高强钢管混凝土极限强度与实测极限强度误差不超过 5%，计算结果可靠性好。

（2）承载力计算方法。以统一理论为基础，根据提出的超高强钢管混凝土组合强度计算方法，得到超高强钢管混凝土轴压承载力实用计算方法，如式（2-5）所示。采用式（2-5）计算得到的超高强钢管混凝土计算承载力与实测承载力比较如图 2-76 所示，图中还列出了项目组前期试验测试结果，以及谭克锋等人的试验结果，可见式（2-5）的计算结果与实测结果吻合较好。

$$N_u = (1.490 + 0.689\xi_0)f_{cd}A_{sc} \tag{2-5}$$

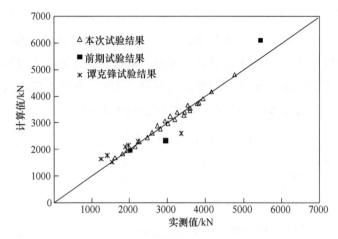

图 2-76 计算承载力与实测承载力比较

2.5 反复加载试验结果与分析

为研究超高强钢管混凝土在受压屈服后的力学行为与承载力衰退模式，对部分试件进行了累计 4 次反复加卸载测试，观测各次加载过程中钢管表面与试件整体破坏形态发展趋势，以及各次加载时的剩余承载力。

2.5.1 试验过程与测试结果

第 1 次加载，Y2 系列试件（$L=450$ mm）压缩变形量 $\Delta l \approx 9$ mm、其他系列试件（$L=550$ mm）压缩变形量 $\Delta l \approx 11$ mm 时，即开始卸载，各组试件均受压屈服，荷载-变形曲线进入下降阶段，试件的承载能力逐渐衰退（见图 2-77）。此时可以看到，与一次轴压加载测试一样，不同含钢率试件，其整体与钢管表面局部破坏程度均不同（见图 2-78），含钢率较低的试件（如 Y2-C100-2，$\alpha_s=5.97\%$）有明显的剪切破坏特征，钢管表面端部与中部鼓屈明显；含钢率高的试件（如 Y10-C100-2，$\alpha_s=27.16\%$）主要表现为整体鼓胀，钢管表面积无明显局部屈曲特征。相同含钢率、不同混凝土强度等级试件的破坏特征也有差异，混凝土强度越高的试件破坏特征更明显、破坏程度更大，如 YD5-C100-2 试件钢管中部有局部屈曲特征，而 YD5-C60-2 试件主要是整体鼓胀，局部屈曲不明显。

第 2~4 次加载，加载初期荷载-变形曲线基本近似线性增长，试件破坏形态没有变化。加载到接近上一次试验的卸载荷载时，荷载-变形曲线发生转折，荷载增加缓慢、变形快速增长，此时能听到管内混凝土开裂声响，钢管表面原有屈曲部位进一步发展，破坏越来越严重。随着卸载次数增加，含钢率低的试件，剪切滑移破坏特征逐渐加剧，钢管表面还出现新的局部屈曲；含钢率高的试件，仍

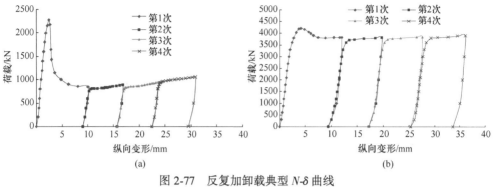

图 2-77　反复加卸载典型 N-δ 曲线

（a）Y2-C100-2，L=450 mm；（b）Y10-C100-2，L=550 mm

主要表现为整体鼓胀，鼓胀程度越来越明显。反复加卸载，各试件第 1 次与第 4 次加载后的破坏形态如图 2-78 所示。

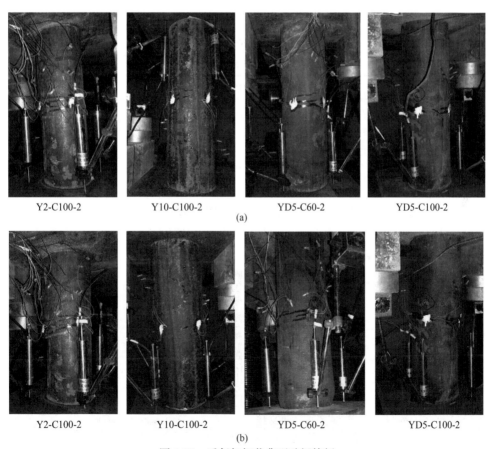

图 2-78　反复加卸载典型破坏特征

（a）第 1 次加载；（b）第 4 次加载

各试件均完成 4 次反复加卸载，各次加载实测的剩余承载力如表 2-18 所示。

表 2-18 剩余承载力测试结果

试件编号	各次加载承载力实测值/kN			
	第 1 次 N_u^1	第 2 次 N_u^2	第 3 次 N_u^3	第 4 次 N_u^4
Y2-C80-2	1980	890	960	1040
Y5-C80-2	3018	2290	2325	2380
Y2-C100-2	2280	890	950	1055
Y5-C100-2	3492	2370	2420	2570
Y7-C100-2	3835	3220	3215	3225
Y10-C100-2	4200	3730	3770	3820
YD5-C60-2	2874	2395	2320	2325
YD5-C70-2	2990	2587	2454	2400
YD5-C80-2	3140	2458	2400	2364
YD5-C90-2	3303	2315	2282	2434
YD5-C100-2	3580	2415	2343	2460

2.5.2 破坏特征

4 次反复加卸载，各试件的破坏形态与演变过程如下。

如图 2-79 所示，Y2 系列试件含钢率 $\alpha_s = 5.97\%$，可以看到 Y2-C80-2 与 Y2-C100-2 试件第 1 次加载后试件整体呈剪切破坏，钢管表面局部屈曲较明显。第 2~4 次加载，原有的破坏现象更加显著，剪切滑移区钢管出现皱褶，且在钢管端部还出现新的局部屈曲。

  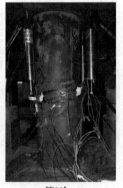 

第1次　　　　　　　第2次　　　　　　　第3次　　　　　　　第4次

(a)

第1次　　　　　　　第2次　　　　　　　第3次　　　　　　　第4次

(b)

图 2-79　Y2 系列试件反复加载破坏形态与演变过程

（a）Y2-C80-2；（b）Y2-C100-2

　　Y5 系列试件含钢率 $\alpha_s = 13.87\%$，4 次加载破坏过程如图 2-80 所示。第 1 次加载结束，Y5-C80-2 与 Y5-C100-2 试件主要呈整体鼓胀，仅有轻微局部屈曲。随加卸载次数增加，试件逐渐呈现出剪切破坏特征，但破坏程度不显著。

　　图 2-81 为 Y7-C100-2 试件 4 次加载破坏形态（$\alpha_s = 20.24\%$）。第 1、2 次加载结束，试件整体鼓胀明显，表面无明显局部屈曲，仅有掉锈渍现象；第 3 次加载，试件鼓胀进一步发展，中、下端出现轻微局部屈曲，有剪切破坏趋势；第 4 次加载结束，试件仍以整体鼓胀为主，中下部有轻微剪切破坏现象。

　　图 2-82 为 Y10-C100-2 试件 4 次加载破坏形态（$\alpha_s = 27.16\%$）。Y10 系列试件含钢率较高，4 次加载结束后，钢管表面无明显局部屈曲，整体鼓胀程度逐渐加剧。

第1次　　　　　　　第2次　　　　　　　第3次　　　　　　　第4次

(a)

第1次 第2次 第3次 第4次

(b)

图 2-80 Y5 系列试件反复加载破坏形态与演变过程

(a) Y5-C80-2; (b) Y5-C100-2

第1次 第2次 第3次 第4次

图 2-81 Y7 系列试件反复加载破坏形态与演变过程

第1次 第2次 第3次 第4次

图 2-82 Y10 系列试件反复加载破坏形态与演变过程

YD5 系列试件含钢率与 Y5 系列试件一致 $\alpha_s = 13.87\%$，但钢材强度较后者提高，其 5 组试件 4 次加载破坏过程如图 2-83 所示。可以看到，5 组试件中，YD5-

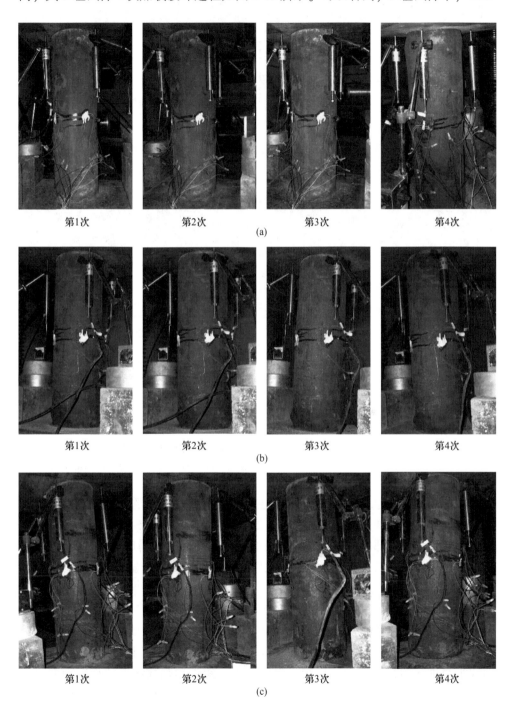

第1次 第2次 第3次 第4次
(a)

第1次 第2次 第3次 第4次
(b)

第1次 第2次 第3次 第4次
(c)

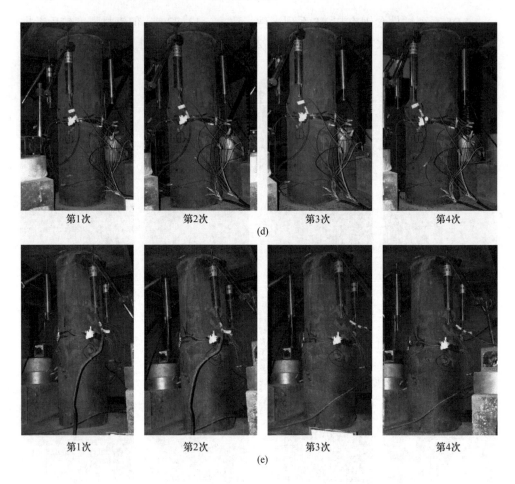

图 2-83 YD5 系列试件反复加载破坏形态与演变过程

（a）YD5-C60-2；（b）YD5-C70-2；（c）YD5-C80-2；（d）YD5-C90-2；（e）YD5-C100-2

C60-2 试件各次加载的破坏程度最轻，主要为整体鼓胀，钢管表面没有明显的局部屈曲。随混凝土强度提高，YD5-C70-2、YD5-C80-2 、YD5-C90-2、YD5-C100-2 试件，钢管表面局部屈曲逐渐突显。随加载次数增加，剪切破坏特征逐渐呈现，其中，4 次加载结束后，YD5-C100-2 试件的剪切破坏特征最显著。

2.5.3 荷载-变形曲线

各试件反复加载的 N-δ 曲线如图 2-84~图 2-88 所示。由图可见，所有试件第 2~4 次加载，在加载初期，N-δ 曲线基本呈线性增长，达到上一次卸载荷载时，曲线很快进入塑性阶段，随后荷载变化较小（缓慢增加或缓慢减小）而变形增长较快，各次加载时试件的屈服荷载与上一次加载的卸载荷载基本一致。若以第 1 次加载的 $N\text{-}\delta$ 曲线为基础,依次连接各次加载的屈服荷载得到的 $N\text{-}\delta$ 曲线,与一次轴压加载的 $N\text{-}\delta$ 曲线基本一致。由此可见,反复加卸载不影响试件的力学性能,无论是 C60 还是 C100 钢管混凝土,都表现出相同的规律。同时看可以观测到,各次加卸载的 $N\text{-}\delta$ 曲线在弹性段的斜率与卸载后曲线恢复段的斜率基本相同,可见在弹性段的加载刚度与试验结束时的卸载刚度一致。虽然试件轴压屈服后再次受荷,其承载能力下降,但构件在弹性工作阶段的刚度并没有下降。

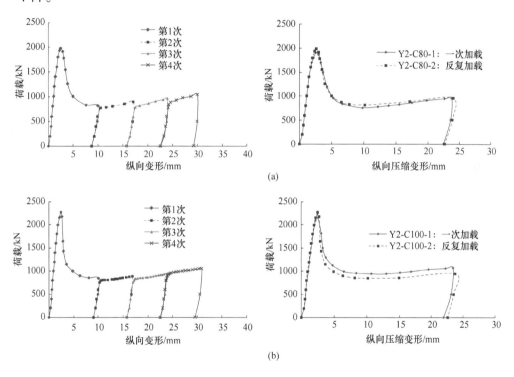

图 2-84　Y2 系列试件反复加载 $N\text{-}\delta$ 曲线

(a) Y2-C80-2;(b) Y2-C100-2

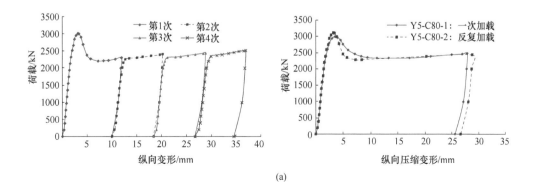

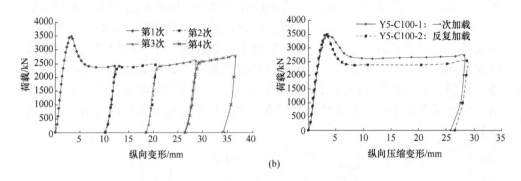

(b)

图 2-85　Y5 系列试件反复加载 $N\text{-}\delta$ 曲线

(a) Y5-C80-2；(b) Y5-C100-2

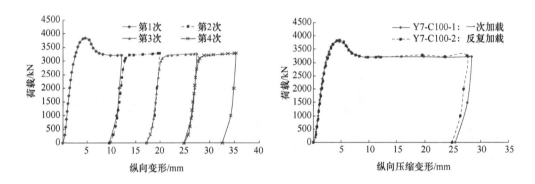

图 2-86　Y7 系列试件反复加载 $N\text{-}\delta$ 曲线

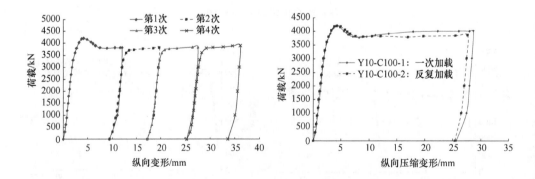

图 2-87　Y10 系列试件反复加载 $N\text{-}\delta$ 曲线

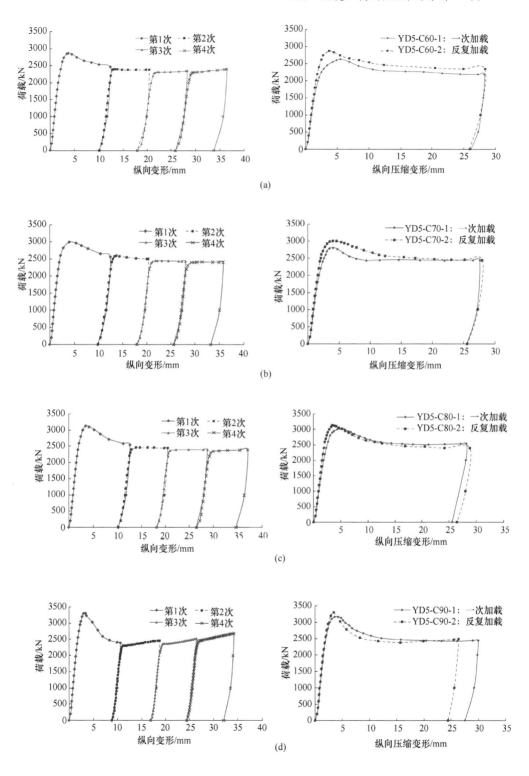

(a)

(b)

(c)

(d)

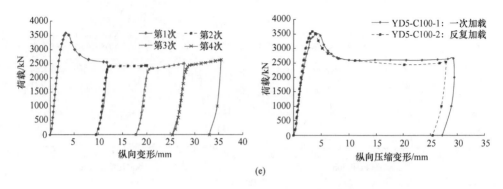

图 2-88 YD5 系列试件反复加载 N-δ 曲线

(a) YD5-C60-2；(b) YD5-C70-2；(c) YD5-C80-2；(d) YD5-C90-2；(e) YD5-C100-2

2.5.4 承载力衰减

由 4 次反复加卸载结果可知，第 1 次加载各试件纵向压缩变形率均达到
1.5%，试件均进入塑性变形阶段，承载力出现不同程度下降，钢管表面也有不
同程度的局部屈曲。第 2~4 次再次加载时，测得的试件剩余承载力以及其与第 1
次测试的极限承载力比值如表 2-19 所示。

表 2-19 各次加载试件承载力及其占极限荷载的比例

试件编号	各次加载承载力/kN				各次加载与第 1 次加载的承载力之比			
	第 1 次 N_u^1	第 2 次 N_u^2	第 3 次 N_u^3	第 4 次 N_u^4	N_u^1/N_u^1	N_u^2/N_u^1	N_u^3/N_u^1	N_u^4/N_u^1
Y2-C80-2	1980	890	960	1040	1.000	0.449	0.485	0.525
Y5-C80-2	3018	2290	2325	2380	1.000	0.759	0.770	0.789
Y2-C100-2	2280	890	950	1055	1.000	0.390	0.417	0.463
Y5-C100-2	3492	2370	2420	2570	1.000	0.679	0.693	0.736
Y7-C100-2	3835	3220	3215	3225	1.000	0.840	0.838	0.841
Y10-C100-2	4200	3730	3770	3820	1.000	0.888	0.898	0.910
YD5-C60-2	2874	2395	2320	2325	1.000	0.833	0.807	0.809
YD5-C70-2	2990	2587	2454	2400	1.000	0.865	0.821	0.803
YD5-C80-2	3140	2458	2400	2364	1.000	0.783	0.754	0.753
YD5-C90-2	3303	2315	2282	2434	1.000	0.701	0.691	0.737
YD5-C100-2	3580	2415	2343	2460	1.000	0.675	0.654	0.687

图 2-89 分析了各因素对试件承载力衰减的影响。由图 2-89 (a) 可见，Y2、Y5、Y7、Y10 系列试件的含钢率依次增加，相应的试件屈服后承载力的降低幅度减小。含钢率低、混凝土强度高的 Y2-C100-2 试件，第 1 次加载结束其钢管外表面局部屈曲严重，承载力衰退也最明显，第 2 次加载时的剩余承载力仅占第 1 次加载的极限承载力的 39.0%；含钢率高的 Y10-C100-2 试件，第 1 次加载结束后，其钢管外表面无局部屈曲现象，承载力衰退也最缓慢，其第 2 次加载的剩余承载力占第 1 次加载的极限承载力的 88.8%。且随加载次数增加，剩余承载力变化幅度减小。与一次轴压试验一样，承载力降低到一定程度后不再降低，随着钢管进入强化阶段，剩余承载力出现缓慢增加。

由图 2-89 (b) 可以看到 YD5 系列 5 组试件，含钢率相同（α_s = 13.87%），随着混凝强度提高，试件承载力衰减越明显。混凝土强度最高的 YD5-C100-2 试件，第 1 次加载结束后，其钢管外表面局部屈曲现象最突出，承载力衰退也最明显，其第 2 次加载的剩余承载力约为第 1 次加载的极限承载力的 67.5%。同时由 2-89 (c) 可以看到，钢材强度对承载力的衰减影响不明显，YD5 系列试件较 Y5 系列试件钢材强度高，但 YD5-C80-2 与 Y5-C80-2、YD5-C100-2 与 Y5-C100-2 的承载力降低幅度，以及剩余承载力变化趋势基本一致。

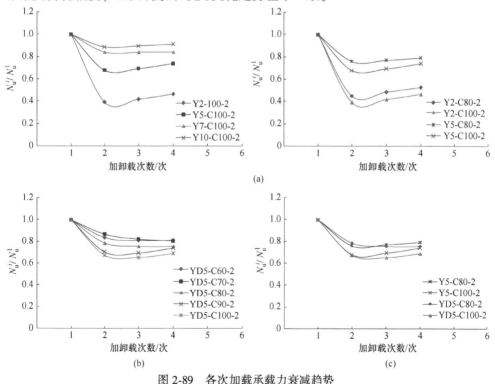

图 2-89　各次加载承载力衰减趋势

（a）含钢率的影响；（b）混凝土强度的影响；（c）钢材强度的影响

2.6 本章结论

本章对 24 组共 48 个超高强钢管混凝土短柱进行了轴压力学性能试验，试件含钢率 $\alpha_s = 5.97\% \sim 38.72\%$，混凝土立方体抗压强度 $f_{cu} = 80.3 \sim 115.2$ MPa，钢材强度 $f_y = 404 \sim 566$ MPa，系统研究了超高强钢管混凝土在一次轴压加载以及反复轴压加卸载时的力学行为，得出如下结论。

（1）超高强钢管混凝土轴压破坏形态与混凝土强度、含钢率密切相关。含钢率较低时，超高强钢管混凝土轴压试件整体呈剪切破坏、钢管外壁局部屈曲、皱褶；含钢率较高时，超高钢管混凝土在轴压荷载下主要表现为整体鼓胀，呈腰鼓型破坏模式。本次试验中的 C60、C80、C100 三种强度等级钢管混凝土在轴压荷载下无明显剪切破坏，试件的含钢率依次为 16.99%、20.24% 与 23.63%。

（2）含钢率为 13.87% 的 C100 超高强钢管混凝土试件的轴压承载力，约为其组成钢管与混凝土试件二者承载力之和的 1.51 倍。钢管对超高强混凝土存在较强套箍作用，能显著提高试件承载力。另外，由于超高强混凝土的横向变形系数较普通混凝土大，更接近钢材的泊松比，因此，超高强钢管混凝土的初始横向变形系数较普通钢管混凝土高，钢管对超高强混凝土的套箍作用较普通混凝提前。

（3）由测得的荷载-轴压变形全曲线（N-δ 曲线）可知：1）与普通钢管混凝土一样，超高强钢管混凝土（$f_{cu} \geqslant 80$ MPa）试件轴压破坏经历弹性、弹塑性与屈服阶段，但超高强钢管混凝土的弹性工作阶段更长，接近轴压极限荷载的 90% 左右时，试件才进入弹塑性变形阶段，因此超高强钢管混凝土的工作强度更高；2）含钢率一定时，混凝土强度越高（套箍系数越小），试件承载力越高，曲线的弹性阶段所占比例增加而弹塑性阶段比例缩小，试件屈服后承载力下降相对越快；混凝土强度一定时，含钢率越高（套箍系数越大），试件承载力越高，曲线的弹性阶段所占比例缩小而弹塑性阶段比例增加，试件屈服后承载力降低越缓甚至不降低，逐渐接近钢材屈服后的变形特征。C60、C80、C100 三种强度等级钢管混凝土试件，轴压屈服后承载力基本不下降时的含钢率依次为 16.99%、27.16%、38.72%，套箍系数依次为 1.14、1.58、1.85；3）超高钢管混凝土也具有很好的延性，C60、C80、C100 三种强度等级钢管混凝土试件，屈服后剩余承载力保持在 85% 以上时，对应的含钢率依次为 13.87%、20.24%、27.16%，套箍系数依次为 0.97、1.13、1.32。

（4）由实测的等效应力-应变关系曲线（σ_{sc}-ε_s 曲线）可知：1）混凝土强度一定时，随含钢率的增加（套箍系数增加），σ_{sc}-ε_s 曲线的弹性变形阶段长、初始斜率高，组合刚度大，峰值应力与峰值应变均逐渐增加，峰值点后曲线下降趋势减缓并逐步发展成近似水平线，逐渐接近钢材屈服后的力学性能特征。表明含钢率越高（套箍系数越高），钢管对核心混凝土的套箍作用越强，试件弹塑性变形发展较充分，延性与变形性能好。2）C60、C80、C100 的三种钢管混凝土试件 σ_{sc}-ε_s 曲线峰值点后基本不下降的含钢率依次为 13.87%、20.24%、27.16%，套箍系数分别为 0.97、1.13、1.32。

（5）反复轴压加卸载不影响超高强钢管混凝土的力学性能：1）反复加载拟合的荷载-变形曲线一次加载时基本一致。2）反复加卸载时，试件极限承载力逐渐下降，但卸载刚度与加载刚度基本一致，屈服后再次受荷时，构件在弹性工作阶段的刚度并没有下降。

（6）研究了 JTG/T D65-06—2015 规范方法计算超高强钢管混凝土组合应力与实测极限强度的差异，规范中普通钢管混凝土的组合应力计算方法，对低含钢率试件的计算值偏低，而对高含钢率试件的计算值偏高。因此，基于试验测试数据，通过回归分析，提出了超高强钢管混凝土的组合强度计算方法，并建立了超高强钢管混凝土轴压承载力计算方法，推荐方法计算承载力与实测值吻合较好。

3 超高强钢管混凝土偏心受压力学性能

3.1 试验概况

3.1.1 试件设计

在轴压试验研究的基础上，选取含钢率为 13.87%、钢管型号为 Q345 的部分 YD5 系列试件进行偏心受压试验，钢管尺寸 $D×T=159$ mm×5 mm，核心混凝土强度等级取 C60、C80 和 C100，即 PY5-C60、PY5-C80、PY5-C100 三类试件。偏心率 e_0/r 分别为 25%、50%，共 6 组，每组 2 个试件，研究不同强度等级钢管混凝土在偏心荷载作用下的承载能力、变形性能与破坏特征等。试件详细参数如表 3-1 所示。

表 3-1 偏心受压试验构件一览表

试件编号	试件尺寸 $D×T×L$ /mm×mm×mm	含钢率 /%	钢材型号	混凝土强度等级	偏心率 /%	计算承载力 /kN
PY5-C60-25-1/2	159×5×550	13.87	Q345	C60	25	1089
PY5-C60-50-1/2	159×5×550	13.87	Q345	C60	50	885
PY5-C80-25-1/2	159×5×550	13.87	Q345	C80	25	1218
PY5-C80-50-1/2	159×5×550	13.87	Q345	C80	50	989
PY5-C100-25-1/2	159×5×550	13.87	Q345	C100	25	1342
PY5-C100-50-1/2	159×5×550	13.87	Q345	C100	50	1090

3.1.2 试件制作

钢管加工制作与轴压试验中 YD5 系列试件一致，采用机械自动切割，保证钢管两端的平整度。C60、C80、C100 三组混凝土的配合比与工作性能如表 2-2 所示，抗压强度如表 2-3 所示。浇筑与养护方式也与轴压试件一致。

3.2 试验装置和试验方法

3.2.1 试验装置

试验测试在 10000 kN 液压伺服压力试验机进行，试验装置如图 3-1 所示。偏压试件上下两端采用刀铰连接加载，刀铰和加载端板根据试件实际尺寸与设计的偏心距进行加工，如图 3-2 所示。在加载端板底部车出深 10 mm、直径比钢管外径大 2 mm 的圆孔，以便于加载端板与试件连接。

图 3-1 试验加载装置

图 3-2 刀铰与加载端板（mm）

3.2.2 测试内容与测点布置

（1）测试内容。主要测试或观察内容包括：1）观察不同偏心距荷载作用下，钢管混凝土的变形特征与破坏过程；2）通过位移传感器，测试试件的纵向压缩变形随荷载增加的变化关系；3）采用电阻应变片，测试试件的中间部位的纵、横向应变发展随荷载增加的变化关系；4）记录钢管表面出现局部变形时的荷载值；5）记录荷载-变形曲线开始发生非线性变化的荷载值；6）记录钢管达到极限强度时的荷载值。

（2）测点布置。偏压试件应变片与位移计测点布置如图 3-3 所示。沿试件中部对称粘贴 4 对应变片，测试钢管中部表面纵、横向应变发展过程；在试件垂直偏心荷载作用方向两侧对称布置一对位移传感器，测试试件纵向整体压缩变形；在偏心荷载作用方向的远侧，沿试件的上、中、下部各布置一个位移传感器，测试试件在偏压荷载作用下的弯曲变形过程。荷载值由压力机自带传感器采集并记录。

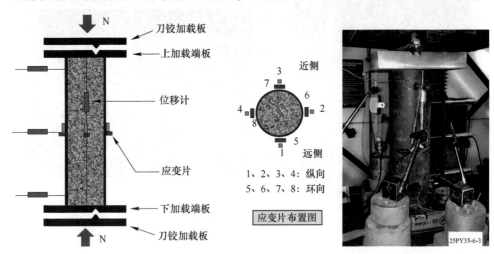

图 3-3　偏压试验测点布置

3.2.3　加载制度

（1）预加载。正式测试前，先进行 2~3 次预压加载，预压值取预计承载力的 30%，加载过程如图 3-4 所示，加到预定值后持荷 3~5 min，然后卸载。以消除试件与加载端板接触不紧密、试件端面混凝土局部不平整等导致的非弹性变形对测试结果的影响。

（2）正式加载。正式加载时，先采用力控制，分级加载，试件屈服后采用位移控制，连续缓慢加载，加载示意图如图 3-5 所示。1）开始加载时，采用力控制，按分级加载方式加载，每级荷载约取预计承载力的 1/10，每级加载持荷 1 min；2）荷载-变形曲线开始出现非线性特征后，分级要加密，此时每级荷载约取为预计承载力的 1/20，每级荷载持荷 1 min；3）荷载-变形曲线出现明显的非线性特征（试件进入弹塑性阶段）后，转化为由位移控制模式，缓慢连续加载。

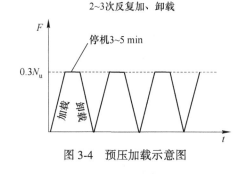

图 3-4 预压加载示意图

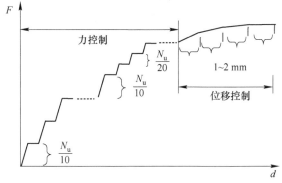

图 3-5 加载控制示意图

（3）卸载准则。1）荷载降至极限荷载的 70%，或试件出现显著破坏特征；2）钢管表面开裂；3）试验过程中的其他意外。出现上述情况之一时，停机卸载。

3.3 试验过程与测试结果分析

3.3.1 试验过程与破坏形态

偏压试验加载初期，荷载与纵向压缩变形均近似线性增长，钢管外壁基本没有变化。荷载增加到极限荷载的 70% 左右时，能听到混凝土开裂声响。随后伴随加载进行，一直能听到混凝土声响，混凝土强度越高，声响越明显。荷载增加到极限荷载的 80% 左右时，荷载-纵向压缩变形曲线出现非线性增长，试件进入弹塑性变形阶段。达到极限承载力后，荷载缓慢下降，试件在受压区出现局部鼓屈，受拉区无明显破坏特征，最后因侧向变形过大而卸载，偏心受压的承载力较轴压时明显降低。如图 3-6 所示，与轴压试验破坏形态不同，偏压试件主要表现为侧向弯曲破坏，在受压区有鼓屈，受拉区无明显变化。且偏心距越大，钢管表面局部鼓屈更明显，图中偏心率为 50% 的试件，整体侧向弯曲与受压区局部鼓屈程度均较偏心率为 25% 试件明显。

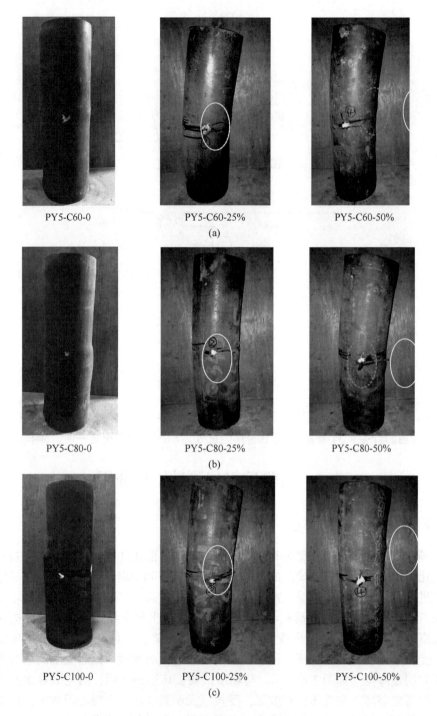

PY5-C60-0   PY5-C60-25%   PY5-C60-50%
(a)

PY5-C80-0   PY5-C80-25%   PY5-C80-50%
(b)

PY5-C100-0   PY5-C100-25%   PY5-C100-50%
(c)

图 3-6 偏压试件典型破坏形态
(a) PY5-C60 系列；(b) PY5-C80 系列；(c) PY5-C100 系列

3.3.2 荷载-纵向压缩变形关系分析

实测的偏压加载荷载-纵向压缩变形关系曲线（N-δ 曲线）如图 3-7 所示。C60、C80、C100 三种强度等级钢管混凝土试件在偏压荷载作用下的 N-δ 曲线，其弹性段的斜率均较轴压加载时小，可见，偏心率对试件受压刚度有较大影响。偏心率越大，曲线初始斜率越小，试件受压刚度降低越明显。偏心受压时，N-δ 曲线的峰值点较受轴压时的低，试件极限承载力小，且偏心率越大，降低越明显。但偏心受压时，N-δ 曲线的弹塑性变形段较轴压加载时长，极限荷载后承载力下降趋势更缓和，其受压延性性能更好。

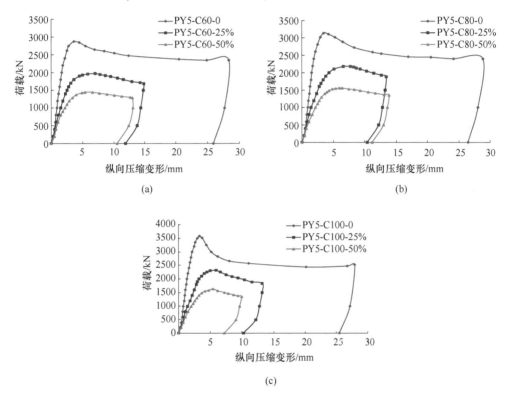

图 3-7 偏压试件 N-δ 曲线

（a）PY5-C60 系列；（b）PY5-C80 系列；（c）PY5-C100 系列

对比 C60、C80、C100 三种强度等级钢管混凝土试件在相同偏心率下的 N-δ 曲线，如图 3-8 所示。可见，相同偏心率时，三组试件的 N-δ 曲线变化趋势基本一致。其中 PY5-C100 组试件混凝土强度最高，其初始斜率相对更高，峰值点后曲线的下降趋势更明显，但偏心率从 25% 增加到 50% 时，这些差异逐渐减弱。

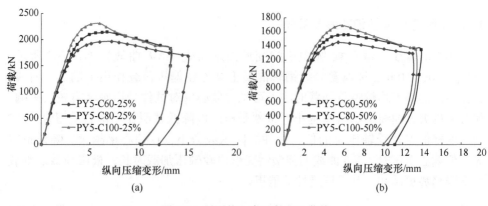

图 3-8 不同偏心率试件 N-δ 曲线

（a）偏心率 25%；（b）偏心率 50%

3.3.3 荷载-侧向挠度关系分析

偏压加载荷载-测向挠度关系曲线（N-ω 曲线）如图 3-9 所示。由沿试件高度方向的侧向变形可以看到，在偏心加载过程中，试件逐渐沿侧向发生弯曲变形。部分试件在加载初期时，靠近端部位置侧向变形较大，随荷载持续增加，中部侧向变形逐渐增大，最后试件弯曲变形发展成"正弦波"。

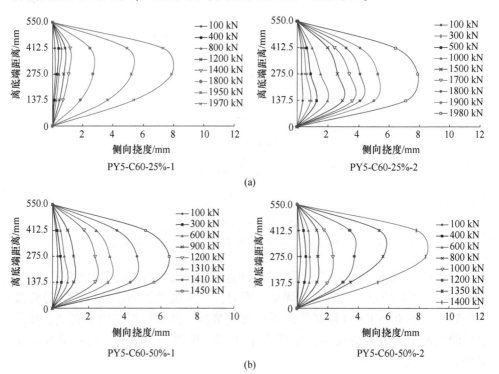

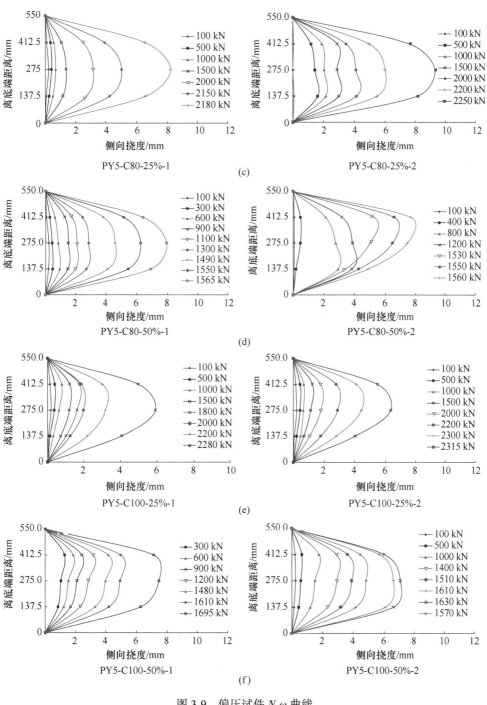

图 3-9 偏压试件 N-ω 曲线

（a）PY5-C60-25%组；（b）PY5-C60-50%组；（c）PY5-C80-25%组；
（d）PY5-C80-50%组；（e）PY5-C100-25%组；（f）PY5-C100-50%组

图 3-10 为实测的荷载-试件中部侧向挠度变化曲线。可以看到，加载初期，侧向挠度较小，发展较缓慢，且偏心率越小，挠度越小。随荷载增加，挠度增长加快，偏心率越大，挠度增长越快。达到极限荷载后，挠度增速加快，承载力缓慢下降，偏心率越大，承载力降幅越缓。另外，由图 3-11 可以看到，C60、C80、C100 三种强度等级钢管混凝土试件在不同偏心率下的荷载-中部侧向挠度曲线初始斜率变化很好，表明混凝土强度对偏心荷载作用下试件的弯曲刚度影响较小。此外，强度越高，偏心荷载作用下的承载力越高，但极限荷载后曲线下降趋势相对更明显。

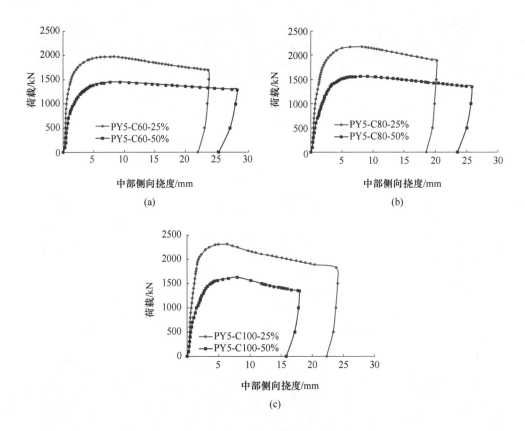

图 3-10 荷载-中部侧向挠度曲线

（a）PY5-C60 系列；（b）PY5-C80 系列；（c）PY5-C100 系列

分析各试件的挠度延性系数如表 3-2 所示，本次试验测得的 C60、C80、C100 三种强度等级钢管混凝土试件在偏压荷载作用下的挠度延性系数均大于 7.4，具有很好的弯曲延性。同时也可以看到，混凝土强度越高、偏心率越小，试件的延性系数越小。

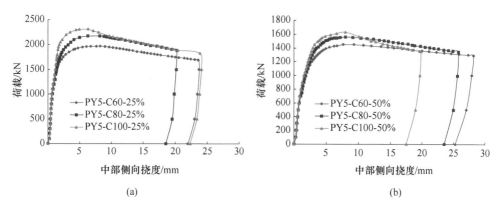

图 3-11 不同偏心率试件的荷载-中部侧向挠度曲线对比

（a）偏心率 25%；（b）偏心率 50%

表 3-2 偏心受压跨中挠度延性系数分析

试件编号	$\alpha_s/\%$	f_{cu}	ξ	ξ_0	ξ_t	ω_y	ω_u	β_ω
YD5-C60-25%	13.87	80.3	1.41	1.83	1.29	2.16	23.01	10.7
YD5-C60-50%	13.87	80.3	1.41	1.83	1.29	2.24	28.17	12.6
YD5-C80-25%	13.87	95.9	1.22	1.59	1.16	2.26	19.43	8.6
YD5-C80-50%	13.87	95.9	1.22	1.59	1.16	2.66	24.86	9.3
YD5-C100-25%	13.87	115.2	1.08	1.40	1.08	1.98	16.77	7.4
YD5-C100-50%	13.87	115.2	1.08	1.40	1.08	2.16	18.25	8.4

3.3.4 截面应变分布与发展

C60、C80、C100 三种强度等级钢管混凝土试件在偏压荷载作用下的中间截面的应变发展过程如图 3-12～图 3-14 所示，可以看到各试件中间截面的应变发展基本符合平截面假定。

偏心率为 25% 时，三种强度等级钢管混凝土试件在加载初期均为全截面受压，且近侧应变增长幅度较远侧大。应力增加到 60 MPa 左右时，近侧钢管开始屈服，其压应变增长加快，远侧压应变则逐渐减小，截面中和轴逐渐向远侧发展。90 MPa 左右（占极限强度的 80%～90%）时，近侧受压区钢管已进入塑性阶段，其压应变显著增长，远侧则由受压转变为受拉。达到极限荷载时，截面中心处的钢管已发生屈服；远侧钢管因混凝土强度不同，其应变发展程度也不同。C100 钢管混凝土受压承载力高，其远侧钢管拉应变发展充分；C60 钢管混凝土受压承载力相对较低，其远侧钢管甚至没有屈服。

偏心率为 50% 时，三种强度等级钢管混凝土试件远侧均为受拉、近侧受压，且近侧应变增长较远侧快。应力增加到 60 MPa 左右时，近侧钢管开始屈服，其压应变增长加快，远侧钢管应变也进入非线性增长。达到极限强度后，远侧受拉区钢管也发生屈服。同样，C100 钢管混凝土受压承载力高，其远侧钢管拉应变发展最充分，且接近极限强度时，截面中和轴明显往近侧转移。

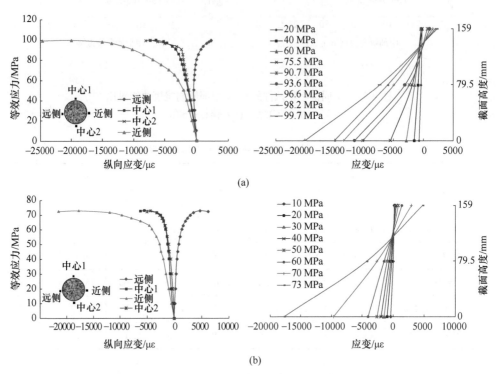

(a)

(b)

图 3-12 PY5-C60 系列试件截面应变分布与发展
(a) 偏心率 25%：PY5-C60-25%-2；(b) 偏心率 50%：PY5-C60-50%-2

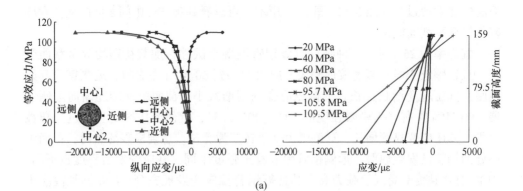

(a)

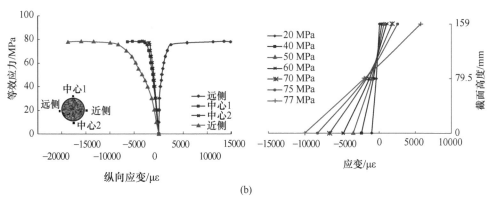

图 3-13　PY5-C80 系列试件截面应变分布与发展

（a）偏心率 25%：PY5-C80-25%-2；（b）偏心率 50%：PY5-C80-50%-2

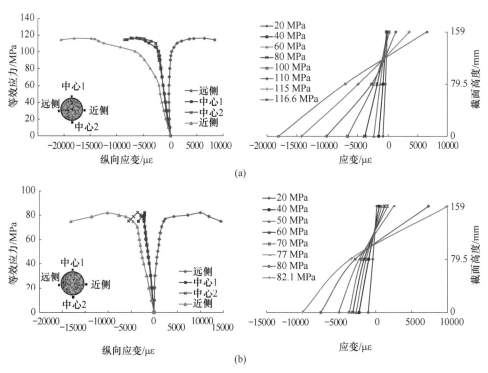

图 3-14　PY5-C100 系列试件截面应变分布与发展

（a）偏心率 25%：PY5-C100-25%-2；（b）偏心率 50%：PY5-C100-50%-2

3.3.5　偏心距对承载力的影响分析

各试件在偏压荷载作用下的承载力测试结果如表 3-3 所示，表中数据为 2 个试件测试结果的平均值。

表 3-3 偏心受压承载力测试结果分析

试件系列	实测承载力 /kN		
	偏心率 0% (轴压)	偏心率 25%	偏心率 50%
PY5-C60	2736.5	1975.0	1425.0
PY5-C80	3082.5	2165.0	1562.5
PY5-C100	3537.0	2297.5	1662.5

可见，偏心荷载作用下，试件的受压承载力较轴压荷载明显降低，偏心率越大，承载力降低越明显，降低幅度如图 3-15 所示。对比 C60、C80、C100 三种强度等级钢管混凝土试件，荷载偏心率为 25% 与 50% 时，PY5-C100 系列试件承载力约为轴压承载力的 65% 与 47%，降幅最大；PY5-C80 系列试件承载力约为轴压承载力的 70% 与 51%，降幅其次；PY5-C60 系列试件承载力约为轴压承载力的 72% 与 52%，降幅最小。但总体来看，混凝土强度越高，钢管混凝土试件的受压承载力越高。C100 钢管混凝土试件的轴压与偏压承载力均较 C60、C80 钢管混凝土试件高，但随着偏心率增加，承载力差异逐渐减小。

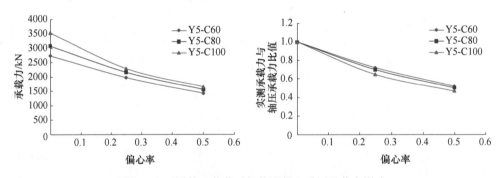

图 3-15 不同偏心荷载对钢管混凝土受压承载力影响

3.4 偏心计算方法探讨

按 JTG/T D65-06—2015 规范计算的偏压承载力 [式 (3-1)] 与实测承载力 N_{ue} 对比如表 3-4 所示，表中 N_{uc}^1 与 N_{uc}^2 分别为采用材料设计值与实测值计算结果，组合应力 f_{sc} 采用本项目提出的计算方法按式 (2-4) 计算。

$$N \leq \varphi_e f_{sc} A_{sc}$$

$$\varphi_e = \frac{1}{1 + \dfrac{1.85e_0}{r}} \quad (3\text{-}1)$$

实测承载力与按材料设计值计算承载力之比 N_{ue}/N_{uc}^1 为 $1.67\sim1.99$，可见规范计算结果安全系数较高。但实测值与按材料实测值计算结果之比 N_{ue}/N_{uc}^2 为 $0.87\sim1.00$，且混凝土强度越高，比值越小，表明计算结果高估了超高强钢管混凝土的偏压承载力。按照本项目试验测试结果，偏心距越大，承载力降低越明显；混凝土强度越高，偏压承载力较轴压承载力降低也越多。因此，需要考虑混凝土强度对偏心承载力的影响。PY5-C60 组试件实测承载力与按材料实测值计算的承载力较接近，参考钢筋混凝土设计规范，引入混凝土强度折减系数 α_e，C60 以下混凝土 α_e 取 1.0，C100 强度等级混凝土 α_e 取 0.88，中间按线性插值法取值，则超高强钢管混凝土的偏心受压承载力可按式（3-2）计算，其计算值与实测值的比较如表 3-5 所示。可见，各强度等级钢管混凝土的安全系数较均匀，约为 2.0，且计算值与实测值吻合很好。

$$N \leqslant \alpha_e\varphi_e f_{sc}A_{sc}, \quad \varphi_e = \cfrac{1}{1 + \cfrac{1.85e_0}{r}}$$

$$\alpha_e = \begin{cases} 1.0 & f_{cu.k} \leqslant 60 \\ 0.88 & f_{cu.k} = 100 \\ \text{线性插值} & 60 < f_{cu.k} < 100 \end{cases} \tag{3-2}$$

表 3-4　偏压承载力实测值与规范计算值对比

| 试件系列 | 实测值 N_{ue} | | 式（3-1）计算值 | | | | 实测值/计算值 | | | |
| | 偏 25% | 偏 50% | 按设计值算 N_{uc}^1 | | 按实测值算 N_{uc}^2 | | N_{ue}/N_{uc}^1 | | N_{ue}/N_{uc}^2 | |
			25%	50%	25%	50%	25%	50%	25%	50%
PY5-C60	1975.0	1425.0	990.2	752.3	1970.3	1496.9	1.99	1.89	1.00	0.95
PY5-C80	2165.0	1562.5	1154.0	876.8	2210.6	1679.5	1.88	1.78	0.98	0.93
PY5-C100	2297.5	1662.5	1307.8	993.6	2507.9	1905.4	1.76	1.67	0.92	0.87

表 3-5　偏压承载力实测值与推荐方法计算值对比

| 试件系列 | 实测值 N_{ue} | | 式（3-2）计算值 | | | | 实测值/计算值 | | | |
| | 偏 25% | 偏 50% | 按设计值算 N_{uc}^3 | | 按实测值算 N_{uc}^4 | | N_{ue}/N_{uc}^3 | | N_{ue}/N_{uc}^4 | |
			25%	50%	25%	50%	25%	50%	25%	50%
PY5-C60	1975.0	1425.0	990.2	752.3	1970.3	1496.9	1.99	1.89	1.00	0.95
PY5-C80	2165.0	1562.5	1084.8	824.2	2078.0	1578.7	2.00	1.90	1.04	0.99
PY5-C100	2297.5	1662.5	1150.8	874.3	2207.0	1676.7	2.00	1.90	1.04	0.99

3.5 本章结论

通过 6 组共 12 个试件的偏心受压试验，研究了混凝土强度、荷载偏心率对超高强钢管混凝土承载能力、破坏形态、承载能力的影响规律，结论如下。

（1）根据实际破坏形态与荷载-侧向挠度分布曲线可知：偏心受压时，超高强钢管混凝土主要为侧向弯曲破坏，在受压区有局部鼓屈，受拉区无明显破坏特征；偏心距越大时，试验整体侧向弯曲变形与受压区局部鼓屈越明显。

（2）由荷载-纵向压缩变形全曲线可知：1）试件偏心受压时的受压刚度，较轴压受压时降低，且偏心距越大，受压刚度降低越明显；2）偏心受压时，试件 N-δ 曲线的弹塑性变形段占的比例较轴压时长，试件屈服受压后承载力下降更缓和，且偏心率越大，弹塑性变形越充分，受压承载力下降越缓慢。3）偏心率相同时，混凝土强度越高，试件初始斜率越高，受压刚度大，峰值点后曲线的下降趋势更陡，但随着偏心率越增加，混凝土强度对偏压力学性能的影响逐渐减弱。

（3）由荷载-中部侧向挠度曲线可知：混凝土强度对偏心荷载作用下试件的弯曲刚度影响较小。荷载偏心率为 25% 与 50% 时，C60、C80、C100 三种强度等级钢管混凝土试件的挠度延性系数均大于 7.4，具有很好的弯曲延性。混凝土强度越高、偏心率越小，试件的延性系数越小。

（4）由中部截面的应变分布与发展规律可知：1）试件在屈服前，截面应变基本符合平截面假定。2）偏心率为 25% 时，荷载较小时，试件为全截面受压；随荷载增加，近侧钢管受压先进入屈服状态，远侧钢管则由受压逐渐转变为受拉；混凝土强度较高时远侧钢管最终受拉屈服，而混凝土强度较小时，远侧钢管受拉不会屈服。3）偏心率为 50% 时，试件远侧受拉、近侧受压，近侧受压区钢管先屈服，中和轴逐渐向近侧移动，最后远侧受拉区也进入屈服状态。

（5）偏心荷载作用下，试件的受压承载力较轴压荷载降低：1）偏心一致时，混凝土强度越高，承载力降低越明显；2）混凝土强度一致时，偏心率越大，承载力降低越明显；3）偏心率越大，混凝土强度对承载力的影响逐渐减弱。

（6）按 JTG/T D65-06—2015 规范，采用材料实测值计算超高强钢管混凝土承载力时，计算结果较实测结果大，高估了超高强钢管混凝土的偏压承载力。主要是规范公式没有考虑混凝土强度受偏压承载力的影响，混凝土强度越高，实测偏压承载力降低越大。因此，参考钢筋混凝土设计规范，引入混凝土强度折减系数 α_e，提出了超高强钢管混凝土偏压承载力计算方法，其计算值与实测值吻合较好。

4 超高强钢管混凝土受弯力学性能

4.1 试验概况

4.1.1 试件设计

如图 4-1 所示，在主管上焊接加载支管，对主管进行三点受弯试验，研究超高强钢管混凝土的受弯力学性能。受弯试验的主管钢管与轴压试验 Y5 系列试件一致，钢管外径与壁厚 $D×T = 159\ mm×5\ mm$，支管外径与壁厚为 $d×t = 89\ mm×4.5\ mm$；主管长 1100 mm，支管高 120 mm。核心混凝土采用 C60、C80 和 C100 三个强度等级，分 3 组，每组 2 个试件，构件详细参数如表 4-1 所示。

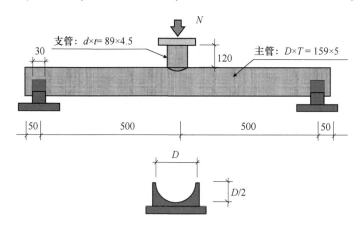

图 4-1　受弯试件模型（mm）

表 4-1　受弯试验构件一览表

试件编号	试件尺寸 $D×T×L$ /mm×mm×mm	含钢率 /%	钢材型号	混凝土 强度等级	计算承载力 /kN
W5-C60-1/2	159×5×1100	13.87	Q345	C60	342
W5-C80-1/2	159×5×1100	13.87	Q345	C80	360
W5-C100-1/2	159×5×1100	13.87	Q345	C100	382

4.1.2 试件制作

支、主管先按要求切割成规定的长度，并按相贯线焊接连接。试件成型时，将主管竖直放置，底端平整，内壁用水润湿，然后进行分层灌注混凝土（混凝土配合比与工作性能如表 2-2 所示，抗压强度如表 2-3 所示），如图 4-2 所示。灌注完毕，将钢管外壁清理干净，灌注口抹平然后用塑料膜密封养护。7 天以后将试件放平，将支管填满与主管混凝土同配比的砂浆，端面抹平后密封养护。

 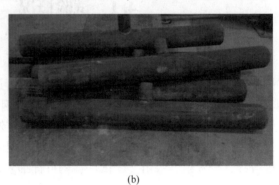

(a)　　　　　　　　　　　　　　　　(b)

图 4-2　模型试件制作

（a）混凝土灌注；（b）待测试件

4.2　试验装置和试验方法

4.2.1　试验装置

试验测试在 10000 kN 液压伺服压力试验机进行，试验装置如图 4-3 所示。压力机加载端板为 1000 mm×1000 mm 方形平台，试件放置在试验机加载端板的对角线上，在加载支管上垫一块厚 30 mm 钢板，支座与试件接触部位垫四氟板。

4.2.2　测量内容与测点布置

试验测试分一次加载与反复加载两部分。3 组试件中每组取 1 个，共 3 个试件（W5-C60-2、W5-C80-2、W5-C100-2）进行一次加载测试，另 3 个试件（W5-C60-1、W5-C80-1、W5-C100-1）进行反复加载测试，反复加、卸载累计 4 次。

（1）测试内容。主要测试或观察内容包括：1）通过位移传感器，测试试件的弯曲变形随荷载增加的变化关系；2）采用电阻应变片，测试试件不同截面的

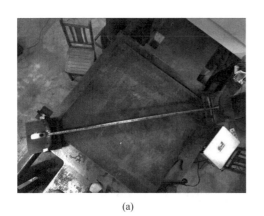 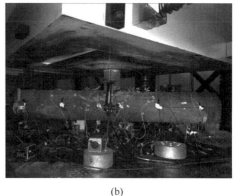

(a)   (b)

图 4-3　试验加载装置

（a）压力机加载端板；（b）加载装置

纵、横向应变发展随荷载增加的变化关系；3）观察超高强钢管混凝土受弯破坏特征与破坏过程；4）记录钢管表面出现局部变形时的荷载值；5）记录荷载-变形曲线开始发生非线性变化的荷载值；6）记录钢管达到极限强度时的荷载值；7）观察反复加载时，试件的剩余承载力的变化规律。

（2）测点布置。受弯试验采用三点加载，在加载支管与主管相贯线焊缝周围应力状态较复杂，该区域应变测点应加密，因此在主管跨中截面、靠近支管焊缝附件截面布置应变测点（3—3、4—4、5—5 截面）；支座内侧截面、1/4 跨处截面布置应变（1—1、2—2、6—6、7—7 截面）；支管与主管对应位置也布置应变测点（49、50 号测点），测试支管的应变发展过程，观测是否支管先于主管屈服。具体布置如图 4-4 所示，主管共有 7 个截面布置测点，支管仅在靠近主管部位布置测点，总共 50 个应变片。

共布置位移计 6 只：支管顶端布置测点，测试加载区域主管的竖向变形；在底面跨中、1/4 跨位置布置测点，测试主管的挠度变化曲线；两端各布置 1 个测点，测试试件端面钢管与混凝土的相对滑移。

位移与应变均通过静态应变采集仪 JM3812 记录采集，加载速率与荷载值由仪器自动监测记录，并实时绘制荷载-跨中挠度曲线以分析试件的变形发展形态。

4.2.3　加载方案

（1）测试前先进行预加载，预加载值取预计极限荷载的 10%，使试件与支座、垫块之间接触紧密，持荷 3~5 min，观察仪器工作状态，检查是否存在偏心加载。

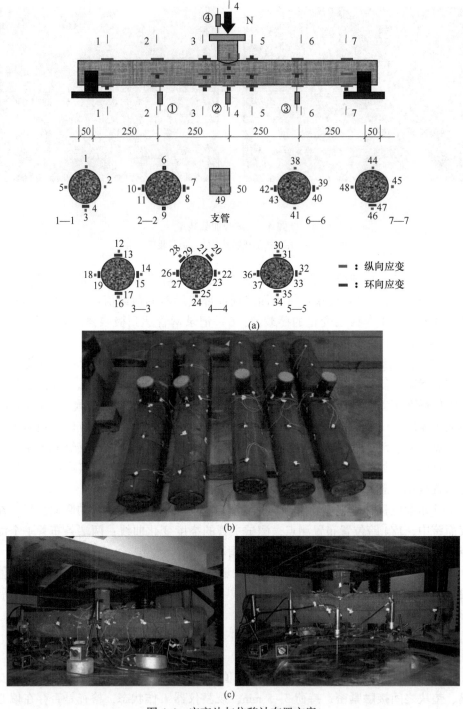

图 4-4 应变片与位移计布置方案

（a）应变片与位移计测点布置（mm）；（b）应变片布置；（c）位移计布置

（2）加载初期按力控制，采用分级加载：在弹性阶段，每级荷载取预计屈服荷载的 1/10；当荷载-跨中挠度曲线出现非线性特征后，荷载等级取预计屈服荷载的 1/15；每级荷载持荷 2 min，观察试件表面变化状态。试件进入屈服阶段后转换为位移控制，缓慢连续加载，试件完全进入屈服阶段后停机卸载。待试件变形恢复稳定后依次进行第 2~4 次加载，加载方式与第 1 次一致，屈服荷载取上一次卸载时的荷载值。

（3）卸载控制挠度：一次加载试件，挠跨比为 1/25~1/20（跨中挠度 45~50 mm）；反复加载试件，第 1 次加载至跨中 25 mm 卸载，第 2~4 次加载至跨中挠度 15 mm 卸载。另出现如下情况之一则停止试验：1）主管开裂；2）主管严重压陷；3）支管严重变形。

4.3 试验过程与测试结果分析

4.3.1 试验过程与破坏形态

4.3.1.1 一次加载

一次加载时，加载初期荷载-跨中挠度曲线呈近似线性增加，如图 4-5 所示，荷载增加到 100 kN 左右时，由于受拉区混凝土开裂，荷载-跨中挠度曲线有轻微转折，随后继续呈近似线性增长，钢管外壁基本无变化。荷载增加到 220 kN 左

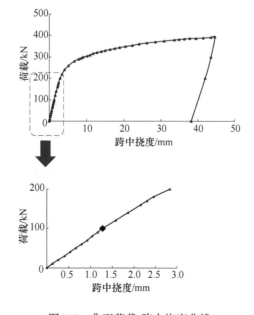

图 4-5 典型荷载-跨中挠度曲线

右时加载支管周围主管外壁颜色变深，荷载-跨中曲线呈现非线性增长，挠度增长速度较荷载增速快。荷载极限增加到 300 kN 左右时，荷载增加明显减缓但挠度增长加快，能听到管内混凝土发出声响，随加载进行，混凝土声响持续发生，主管纵向靠近加载支管区域逐渐出现鼓屈。荷载持续缓慢增加，最后因跨中挠度变形过大而停机卸载（挠跨比达 1/25）。试件最终典型破坏形态如图 4-6 所示，试件弯曲变形较明显，与加载支管相交的主管周围有少许局部鼓屈。可见，钢管混凝土试件的受弯破坏特征与空钢管试件差异明显，空钢管试件整体弯曲变形较小，主要因加载支管周围主管局部压陷屈曲（见图 4-7）而破坏，而填充混凝土后，试件整体弯曲变形较明显、仅在受压区有轻微局部鼓屈。

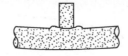

图 4-6　典型受弯破坏形态

图 4-7　空钢管试件受弯典型破坏形态

试验测得的 3 个试件一次加载的最终破坏形态与局部破坏特征如图 4-8 所示。

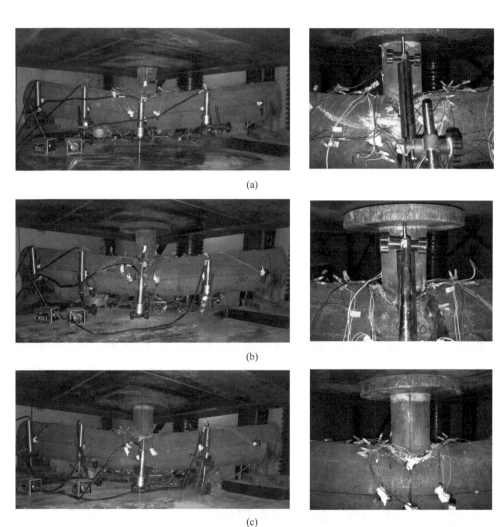

(a)

(b)

(c)

图 4-8 一次加载试件最终受弯破坏形态
（a）W5-C60-2；（b）W5-C80-2；（c）W5-C100-2

4.3.1.2 反复加载

反复加载的试件，第 1 次加载时，试件破坏过程与发展形态与一次加载试验一致。第 2~4 次加载时，荷载-挠度曲线沿上一次的卸载路径上升，接近上一次的卸载荷载时，有混凝土破坏的声响，随后曲线出现转折，荷载增长缓慢而挠度快速增加，如图 4-9 所示。反复加载过程中，主管跨中累积弯曲变形逐渐增加，且主管沿加载支管周边的部位鼓屈逐渐明显，如图 4-10 所示。

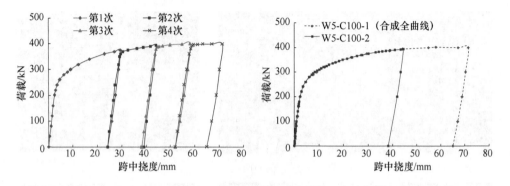

图 4-9   反复加载典型荷载-跨中挠度曲线

(c)

图 4-10 反复加载受弯破坏过程与破坏形态

（a）W5-C60-1；（b）W5-C80-1；（c）W5-C100-1

4.3.2 荷载-挠度变形分析

一次加载荷载-跨中挠度曲线（P-ω 曲线）如图 4-11 所示。C60、C80 和 C100 三种强度等级钢管混凝土试件的 P-ω 曲线非常相似，在弹性阶段基本重合，试件屈服后曲线均缓慢增长，如图 4-11（a）所示，其中 C100 钢管混凝土试件 P-ω 曲线较 C60、C80 钢管混凝土试件略高。可见，混凝土强度对钢管混凝土的抗弯刚度与屈服后的弯曲变形性能影响较小。另外，由图 4-11（b）可以看到，试件跨中截面顶部与底部挠度发展基本同步，表明截面平面内没有发生压缩变形、完整性较好。不同于空钢管试件，三点受弯屈服后主管跨中顶面压陷明显、截面不再保持圆形、完整性较差，如图 4-12 所示。由此可见，混凝土的填充，增强了钢管截面刚度，阻止截面压陷屈曲，改变了试件受弯破坏形态，有效提升了其弯曲变形能力。此外，测得的 P-ω 曲线没有下降段，试件屈服后，虽然跨中挠度增长较快，但承载力呈持续缓慢上升趋势，具有很好的弯曲延性性能。

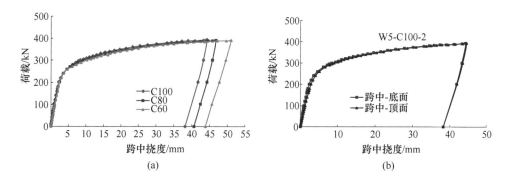

(a)

(b)

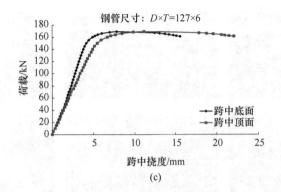

(c)

图 4-11 一次加载 P-ω 曲线

（a）不同强度等级 P-ω 曲线对比；（b）跨中截面顶部与底部挠度对比；

（c）空钢管跨中截面顶部与底部挠度对比

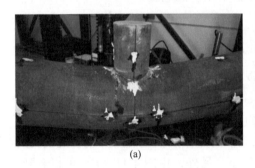
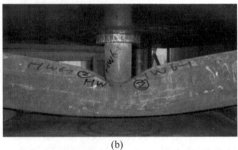

(a)　　　　　　　　　　　　　　(b)

图 4-12 钢管混凝土试件与空钢管试件受弯破坏形态对比

（a）钢管混凝土试件；（b）空钢管试件

反复加载试件的 P-ω 曲线如图 4-13 所示。受弯试件经历 4 次反复加卸载，将各次加载测得的 P-ω 曲线合成一张图，获得的曲线与一次加载的 P-ω 曲线基本一致。与轴压反复加载一样，反复加载也不影响受弯构件的力学性能。同样的，

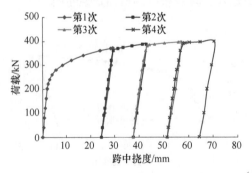
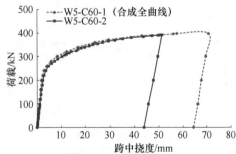

(a)

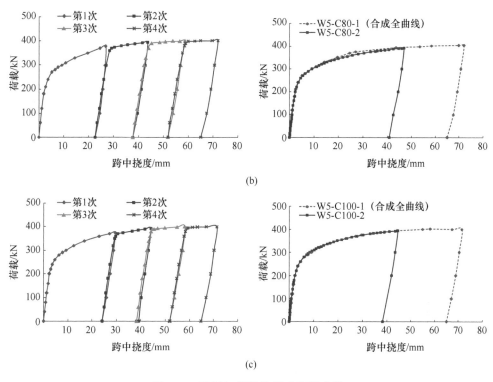

图 4-13 反复加载荷载-跨中挠度曲线
（a）W5-C60-1；（b）W5-C80-1；（c）W5-C100-1

C60、C80 和 C100 三种强度等级钢管混凝土试件，各次加卸载的 P-ω 曲线在弹性段的斜率与卸载后曲线恢复段的斜率基本相同，表明试件弹性段的弯曲刚度与试验结束时的卸载刚度一致。试件受弯屈服后再次受荷，不仅承载能力没有下降，且构件的抗弯刚度也没有衰减。

各级荷载作用下，挠度沿试件长度方向分布与发展如图 4-14 所示。可见，随荷载增加，挠度逐渐增加，且挠度沿试件长度方向对称分布，跨中挠度最大，两端挠度小，线型稳定且基本符合正弦半波曲线变化规律。

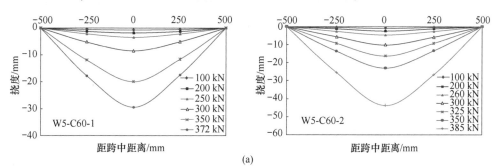

(a)

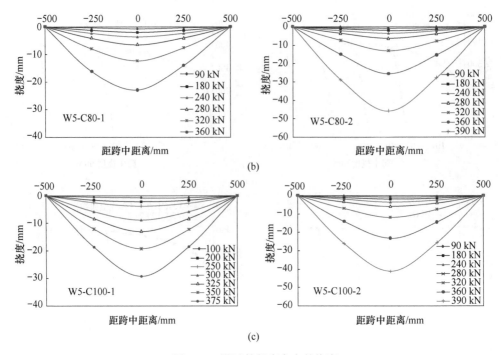

图 4-14 沿试件长度方向的挠度

(a) W5-C60 组；(b) W5-C80 组；(c) W5-C100 组

4.3.3 截面应变分布与发展分析

加载过程中试件弯曲变形对称，C60、C80 和 C100 三种强度等级钢管混凝土试件沿长度方向的实测应变分布也呈对称分布，管内混凝土强度对试件截面应变分布影响较小，因此，只取试件的左半跨，进行截面应变分布与发展规律阐述。

C100 钢管混凝土试件各截面的应变分布与发展过程如图 4-15 所示。随荷载增加，4 个不同部位的截面应变发展差异明显。整个加载过程，2—2 截面与 1—1 截面应变较小，处于弹性阶段。荷载增加到 200 kN 时，4—4 截面（4 跨中截面）底部纵向受拉先屈服，拉应变显著增加，截面中心处拉应变也明显增长，但顶部压应变增长缓慢；此时，3—3 截面底部拉应变也明显增加但没有屈服。荷载增加到 220 kN 时，4—4 截面底部拉应变增长过快而致使应变片失效，截面中心处拉应变也增长迅速，顶部受压区仍处于弹性阶段，截面中性轴往上移，基本符合平截面假定；此时，3—3 截面底部拉应变显著增加而进入屈服阶段。荷载增加到 260 kN 时，4—4 截面中心处与 3—3 截面底部拉应变增长过快而致使应变片失效，此时 3—3 截面顶部压应变增长速率加快，开始进入弹塑性变形阶段，截面中性轴往上移，仍符合平截面假定。荷载增加到 280 kN 时，3—3 截面顶部受压屈服，截面中心处受拉也进入屈服状态。直到荷载增加到 360 kN 左右时，4—4

截面顶部受压才开始进入屈服状态。同时还可以看到，3—3 截面与 4—4 截面分别位于支管与主管相贯线接点的冠点和鞍点，整个加载过程中，3—3 截面顶部压应变较 4—4 截面顶部受压应变大，先受压屈服。

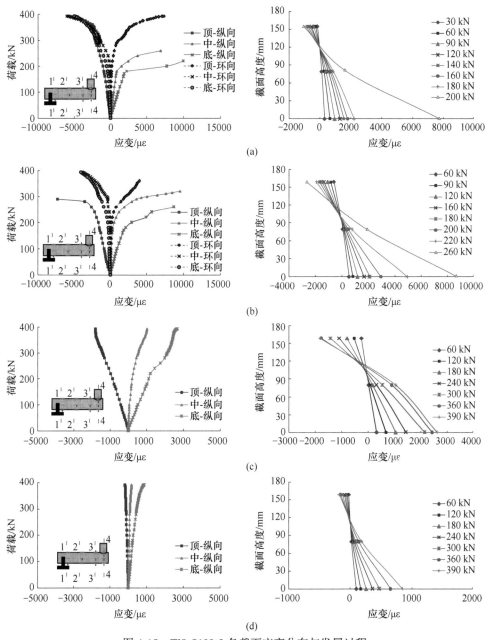

图 4-15 W5-C100-2 各截面应变分布与发展过程

（a）4—4 截面应变（跨中）；（b）3—3 截面应变（加载点左侧）；

（c）2—2 截面应变（1/4 跨）；（d）1—1 截面应变（支座）

　　C80、C60 钢管混凝土试件截面的应变分布与发展规律与 C100 钢管混凝土基本一致，如图 4-16、图 4-17 所示。

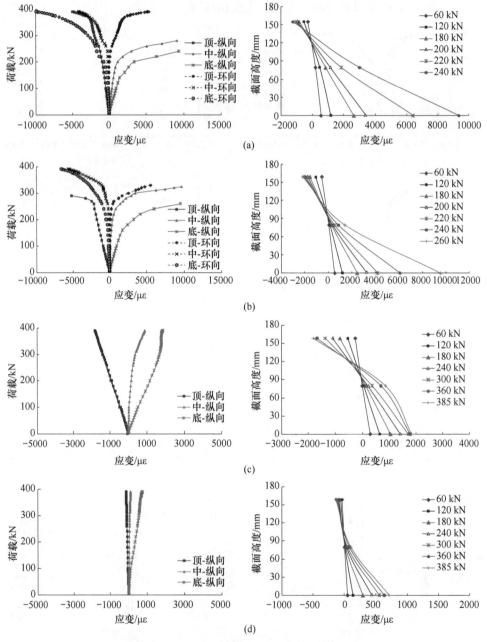

图 4-16　W5-C80-2 各截面应变分布与发展过程

（a）4—4 截面应变（跨中）；（b）3—3 截面应变（加载点左侧）；

（c）2—2 截面应变（1/4 跨）；（d）1—1 截面应变（支座）

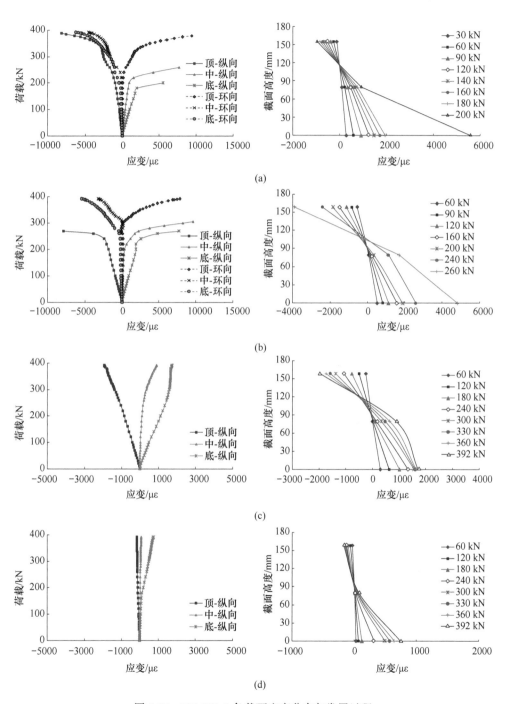

图 4-17 W5-C60-2 各截面应变分布与发展过程

(a) 4—4 截面应变（跨中）；(b) 3—3 截面应变（加载点左侧）；

(c) 2—2 截面应变（1/4 跨）；(d) 1—1 截面应变（支座）

4.3.4 承载能力分析

4.3.4.1 一次加载承载力分析

一次加载试件的受弯承载力测试结果如表 4-2 所示，初始屈服荷载取试件整体开始进入弹塑性变形阶段的荷载值。可见，C60、C80 和 C100 三种强度等级钢管混凝土试件，其初始屈服荷载、停机卸载时的荷载均基本一致；挠跨比为 1/50 时的荷载，随混凝土强度增加略有增加，W5-C100-2 试件较 W5-C80-2 与 W5-C60-2 分别提高 5 kN、10 kN，增长幅度较小。可见，核心混凝土强度提高对高强或超高强钢管混凝土的抗弯承载力的贡献不大。

表 4-2 一次加载承载力测试结果

试件	实测荷载值/kN			
	弹塑性时荷载值	屈服荷载值	挠跨比为 1/50 时荷载值	停机卸载荷载值
W5-C60-2	260	300	340	392
W5-C80-2	260	300	345	391
W5-C100-2	260	305	350	393

4.3.4.2 反复加载承载力分析

3 个反复加载试验的受弯承载力测试结果如表 4-3 所示，由于试件受弯屈服后承载力呈持续缓慢上升趋势，表中荷载值均取各次加载的停机卸载值。与一次加载一样，反复加载试件承载力也呈现缓升趋势，且 C60、C80 和 C100 三种强度等级钢管混凝土试件各次加载承载力差异较小。

表 4-3 反复加载承载力测试结果

试件	各次加载卸载荷载/kN			
	第 1 次加载	第 2 次加载	第 3 次加载	第 4 次加载
W5-C60-1	372	388	397	398
W5-C80-1	375	394	401	402
W5-C100-1	375	393	401	399

试件	等效单次实测荷载值/kN			
	弹塑性时荷载值	屈服荷载值	挠跨比 1/50 时荷载值	停机卸载荷载值
W5-C60-1	260	300	340	398
W5-C80-1	270	310	350	402
W5-C100-1	260	300	350	399

4.3.5 抗弯承载力计算方法探讨

根据试验测试结果，（1）超高强钢管混凝土试件受弯屈服前，其截面应变分布（如图 4-18 所示）仍基本符合平截面假定；（2）核心混凝土强度提高对高强或超高强钢管混凝土的抗弯承载力的贡献不大。因此，采用项目组前期试验推导的普通钢管混凝土的抗弯承载力计算方法，见式（4-1），计算超高强钢管混凝土的抗弯承载力，其计算值与实测值对比如表 4-4 所示。

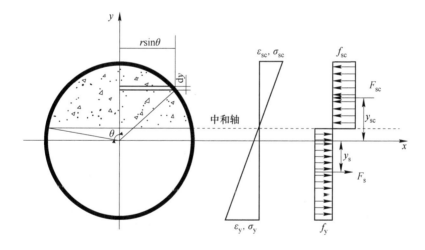

图 4-18 截面应力分布

$$M_u = \frac{2}{3}r^3 f_{sc}\sin^3\theta + r^3\alpha_s f_y \frac{(\pi-\theta)\sin\theta}{\theta}$$

$$\theta = \left(1 - \frac{3f_{sc}}{4f_{sc} + 2\alpha_s f_y}\right)\pi$$

$$f_{sc} = (1.49 + 0.689\xi_0)f_{cd} \tag{4-1}$$

式中, r 为钢管外壁半径; α_s 为截面含钢率; θ 为中和轴处半径与 y 轴夹角。

表 4-4 中 M_{ue} 为根据实测荷载换算的弯矩 $\left(M_u = \dfrac{P_u l_0}{4}, \ l_0 = 1000 \text{ mm} \right)$,

M_{uc}^1、M_{uc}^2 分别为采用材料设计值、实测值计算的弯矩。可见,实测弯矩 M_{ue} 与采用材料设计值计算的弯矩 M_{uc}^1 之比 M_{ue}/M_{uc}^1 在 1.52 ~ 1.71,安全系数较高。实测弯矩 M_{ue} 与采用材料实测值计算的弯矩 M_{uc}^2 之比 M_{ue}/M_{uc}^2 在 0.97~1.06,极限弯矩计算值与实测弯矩值吻合较好。式 (4-1) 适用于超高强钢管混凝土抗弯承载力计算。

表 4-4 抗弯承载力计算值与实测值对比

试件	实测值 M_{ue} /(kN·m)	式 (4-1) 计算值		M_{ue}/M_{uc}^1	M_{ue}/M_{uc}^2
		M_{uc}^1	M_{uc}^2		
W5-C60-2	85.0	49.6	80.4	1.71	1.06
W5-C80-2	86.3	54.0	85.1	1.60	1.01
W5-C100-2	87.5	57.6	90.3	1.52	0.97

4.4 本章结论

在主管上焊接加载主管,对 3 组共 6 个试件进行三点受弯力学性能试验,探讨超高强钢管混凝土的受弯承载能力、破坏形态、截面应力分布与发展规律等,结论如下。

(1) 混凝土强度对钢管混凝土的受弯破坏形态没有影响,超高强钢管混凝土的受弯破坏形态与普通钢管混凝土一致,最终破坏均主要表现为整体弯曲,受压区有轻微局部鼓屈。

(2) 由荷载-跨中挠度曲线 (P-ω 曲线) 可知:1) C60、C80 和 C100 三种强度等级钢管混凝土试件的 P-ω 曲线非常相似,混凝土强度对钢管混凝土的弯曲变形特征没有影响,整个加载过程中,跨中截面顶部与底部的变形较同步,截面基本保持圆形、完整性较好;混凝土强度越高,试件极限抗弯承载力略有增加。2) 超高强钢管混凝土具有很好的弯曲延性性能,试件受弯屈服后,虽然跨中挠度增长较快,但其承载力呈持续缓慢上升趋势。3) 挠度沿试件长度方向分布基本符合正弦半波曲线形状特征,稳定性较好。

(3) 反复加卸载试验表明:1) 反复加卸载对超高强钢管混凝土的受弯破坏形态;2) 拟合各次加载的 P-ω 曲线得到的拟合 P-ω 曲线,与一次加载时的 P-ω 曲线基本重合,且各次加载时的加载刚度、卸载刚度,与第 1 次加载时基本一致，说明反复加载对超高强钢管混凝土的抗弯刚度、弯曲屈服后的变形特征等没有影响。

（4）分析截面应变分布与发展规律可知：1）各截面应变均为底部受拉、顶部受压，随荷载增加，中和轴逐渐上移，符合受弯构件截面应变分布特征。2）整个加载过程支座附近截面、1/4 跨处截面应变均没有达到屈服。3）在试件屈服前，各截面的应变分布基本符合平截面假定。

（5）由于核心混凝土强度对钢管混凝土受弯破坏形态、变形特征等没有影响，对承载能力影响也较小，采用项目组前期研究推导的普通钢管混凝土抗弯承载力计算方法，计算超高强钢管混凝土的抗弯承载力时，实测承载力与按材料实测值计算的承载力较吻合，且实测承载力与按材料设计值计算的承载力比值在 1.52~1.71，安全系数较高，其可用于超高强钢管混凝土的抗弯承载力计算。

5 超高强钢管混凝土受剪力学性能

5.1 试验概况

5.1.1 试件设计

采用三点加载进行受剪试验，研究超高强钢管混凝土的受剪力学行为。受剪试验的钢管与轴压试验 Y5 系列试件一致，钢管型号为 Q345（屈服强度 426 MPa，极限强度 585 MPa），核心混凝土强度等级为 C60、C80 和 C100 三种。每种强度等级的钢管混凝土试件的剪跨包括 20 mm、60 mm、90 mm 与 120 mm 四种，如图 5-1 所示，相应试件的总长度为 200 mm、300 mm、350 mm 与 450 mm，

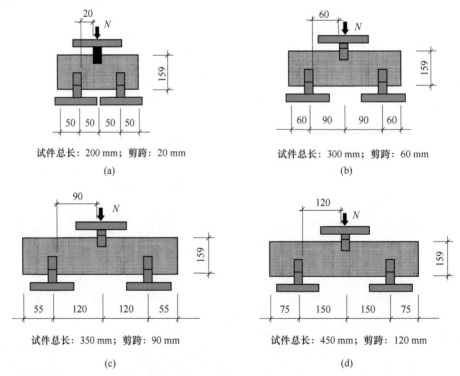

试件总长：200 mm；剪跨：20 mm

(a)

试件总长：300 mm；剪跨：60 mm

(b)

试件总长：350 mm；剪跨：90 mm

(c)

试件总长：450 mm；剪跨：120 mm

(d)

图 5-1　受剪试件示意图（mm）

（a）$L=200$ mm，剪跨 20 mm；（b）$L=300$ mm，剪跨 60 mm；

（c）$L=350$ mm，剪跨 90 mm；（d）$L=450$ mm，剪跨 120 mm

剪跨比 λ 为 0.126、0.377、0.566 与 0.755，各构件详细试验参数如表 5-1 所示。另外，针对剪跨比为 20 mm 的试件，制作同类型空钢管试件与混凝土试件进行受剪试验，对比空钢管、混凝土、钢管混凝土三类构件的受剪力学性能差异。

表 5-1 受剪试验构件一览表

试件编号	试件尺寸 $D×T×L$ /mm×mm×mm	含钢率 /%	钢材屈服强度 /MPa	混凝土强度 /MPa	剪跨 /mm	剪跨比 λ
HJ-C100-20-1/2	149×200	—	—	115.2	20	0.134
KGJ-20-1/2	159×5×200	13.87	426	—	20	0.126
J5-C60-20	159×5×200	13.87	426	80.3	20	0.126
J5-C60-60	159×5×300	13.87	426	80.3	60	0.377
J5-C60-90	159×5×350	13.87	426	80.3	90	0.566
J5-C60-120	159×5×450	13.87	426	80.3	120	0.755
J5-C80-20	159×5×200	13.87	426	95.9	20	0.126
J5-C80-60	159×5×300	13.87	426	95.9	60	0.377
J5-C80-90	159×5×350	13.87	426	95.9	90	0.566
J5-C80-120	159×5×450	13.87	426	95.9	120	0.755
J5-C100-20	159×5×200	13.87	426	115.2	20	0.126
J5-C100-60	159×5×300	13.87	426	115.2	60	0.377
J5-C100-90	159×5×350	13.87	426	115.2	90	0.566
J5-C100-120	159×5×450	13.87	426	115.2	120	0.755

5.1.2 试件制作

钢管加工制作与轴压试验中 Y5 系列试件一致，采用机械自动切割，保证钢管两端的平整度。C60、C80、C100 三组混凝土的配合比与工作性能如表 2-2 所示，抗压强度如表 2-3 所示。浇筑与养护方式也与轴压试件一致。

5.2 试验装置和试验方法

5.2.1 试验装置

试验测试在 10000 kN 液压伺服压力试验机进行，试验装置如图 5-2 所示。试件支座采用圆弧形支座，将圆弧工装置于试件中部进行加载，圆弧工装和支座圆弧内径与试件钢管外径一致，板厚均为 30 mm。

图 5-2 受剪试验加载装置

5.2.2 测量内容与测点布置

受剪试验应变片与位移计测点布置如图 5-3 所示。为测试剪跨区域应变分布与发展过程，根据试件长度与加载时剪跨的大小，应变片主要有两种布置方案，剪跨为 20 mm 的试件（加载点到支座中心距离 50 mm），在加载点与支座中间截面以及跨中截面布置应变片；剪跨为 60 mm、90 mm、120 mm 的试件，在支座边缘截面、加载点边缘截面以及跨中截面布置应变片。在跨中区域底面与顶面均布置位移计，测试加载区域主管的竖向变形。

5.2.3 加载方案

（1）测试前先进行预加载，预加载值取预计极限荷载的 10%，使试件与支座、垫块之间接触紧密，持荷 3~5 min，观察仪器工作状态。

（2）加载初期按力控制，采用分级加载：在弹性阶段，每级荷载取预计屈服荷载的 1/10；当荷载-跨中挠度曲线出现非线性特征后，荷载等级取预计屈服荷载的 1/15；每级荷载持荷 2 min，观察试件表面变化状态。试件进入屈服阶段后转换为位移控制，缓慢连续加载，试件完全进入屈服阶段后停机卸载。

（3）卸载准则：1）主管开裂；2）主管严重压陷；3）试验过程中的其他意外。出现上述情况之一时，停机卸载。

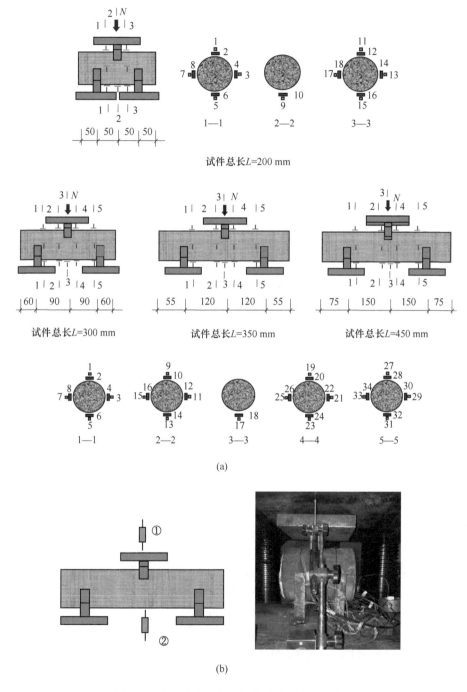

图 5-3 受剪试验应变片与位移计测点布置方案

（a）应变片布置方案（mm）；（b）位移计布置方案

5.3 试验过程与测试结果分析

5.3.1 试验过程与破坏形态

5.3.1.1 混凝土试件受剪

取尺寸为 149 mm×200 mm，强度等级为 C100 的素混凝土试件进行受剪测试，剪跨为 20 mm（$\lambda = 0.134$）。受剪破坏形态如图 5-4 所示，与受压破坏一样，其受剪破坏很突然，脆性明显，最后沿试件中部被剪成两半。

图 5-4 混凝土试件受剪破坏形态

5.3.1.2 空钢管试件受剪

取尺寸为 159 mm×5 mm×200 mm 的空钢管试件进行受剪测试，以了解空钢管受剪破坏特征，剪跨为 20 mm（$\lambda = 0.126$），破坏形态如图 5-5 所示。加载初

图 5-5 空钢管试件受剪破坏形态

期试件荷载-竖向变形曲线呈近似线性增长，钢管完整性较好。荷载增加至 280 kN 时，荷载-竖向变形曲线出现转折，加载点处钢管顶面开始压陷，随加载继续进行，钢管压陷越来越明显，顶面竖向变形较底面快（见图 5-6），且侧边逐渐鼓屈，圆钢管截面完整性逐渐丧失，最终呈"桃心"形。因钢管压陷变形严重而停机卸载，最终破坏形态如图 5-5 所示。

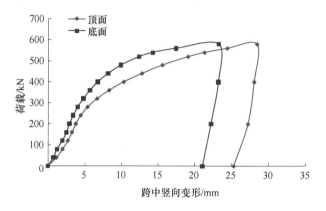

图 5-6 空钢管试件典型荷载-跨中竖向变形曲线

5.3.1.3 钢管混凝土试件受剪

C60、C80 和 C100 三种强度等级钢管混凝土试件的受剪破坏过程与破坏模式基本一致。在加载初期，荷载与竖向剪切变形呈线性增加，剪跨越小，试件竖向变形越小（见图 5-7）。荷载增加至极限荷载的 70% 左右时，靠近支座（或加载点）处钢管颜色变深，竖向变形速度逐渐加快。接近极限荷载时，J5-C100-20 试件（$\lambda = 0.126$）靠加载点处钢管开始出现剪切压痕；而 J5-C100-60、J5-C100-90、J5-C100 120 试件（λ 依次为 0.377、0.566 与 0.755），随剪跨比 λ 增加，钢管顶

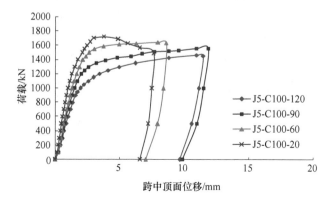

图 5-7 C100 钢管混凝土试件荷载-竖向变形曲线

部的剪切压痕特征减弱，整体竖向变形增大。各试件最后因钢管局部剪压严重或试件整体竖向变形较大而停机卸载，破坏形态如图 5-8 所示。可以看到，J5-C100-20、J5-C100-60、J5-C100-90、J5-C100-120 试件，钢管表面剪切压痕减弱，整体竖向变形加大，试件跨中逐渐下挠，出现弯曲变形特征。另外，虽然 J5-C100-20 试件表面有明显剪切压痕，但没有出现如图 5-5 所示的空钢管顶面压陷、侧边鼓屈破坏现象，其截面完整性较好。可见，混凝土的填充有效地改变了试件的受剪破坏模式。

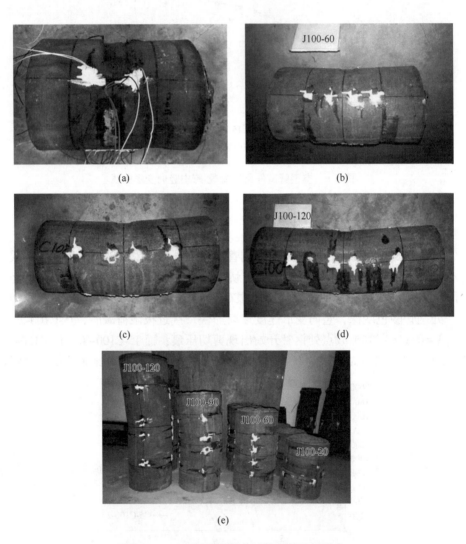

图 5-8   C100 钢管混凝土试件受剪破坏形态

(a) 剪跨为 20 mm（$\lambda = 0.126$）；(b) 剪跨为 60 mm（$\lambda = 0.377$）；(c) 剪跨为 90 mm（$\lambda = 0.566$）；
(d) 剪跨为 120 mm（$\lambda = 0.755$）；(e) 不同剪跨比试件对比

此外，如图 5-9 所示，剪跨比较小的试件（剪跨为 20 mm、$\lambda = 0.126$）端面混凝土还出现劈裂裂缝，且混凝土被明显挤出，钢管表面剪切压痕明显；当剪跨比增加，例如剪跨为 90 mm，$\lambda = 0.566$ 试件，端面混凝土挤出程度减弱，压痕较浅。

端面混凝土裂缝   端面混凝土挤出   钢管表面剪切压痕较深

(a)

端面混凝土挤出   钢管表面压痕较浅

(b)

图 5-9   C100 钢管混凝土试件受剪破坏形态

（a）剪跨为 20 mm；（b）剪跨为 90 mm

C60、C80 钢管混凝土试件的受剪破坏形态如图 5-10、图 5-11 所示。

5.3.2 荷载-变形分析

图 5-12 是空钢管试件的荷载-跨中竖向变形曲线（P-ω_v 曲线），可以看到，空钢管试件由于顶面压陷屈曲，其跨中截面顶部与底部竖向变形明显不同步，顶部竖向变形大于底部。在加载初期，顶面压陷变形较小，截面基本完整、保持稳定；荷载增加到顶面压陷屈曲后，钢管压陷变形加大，顶面变形较底面变形加快，截面逐渐丧失完整性而破坏。

对于 C60、C80 和 C100 三种强度等级钢管混凝土试件，其 P-ω_v 曲线如图 5-13~图 5-15 所示，也存在顶面与底面竖向变形不一致现象，但与空钢管试件相

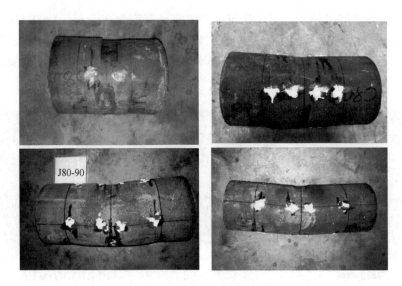

图 5-10　C80 钢管混凝土试件受剪破坏形态

图 5-11　C60 钢管混凝土试件受剪破坏形态

比，明显减小，且随混凝土强度等级提高、剪跨比的增加，变形不一致现象逐渐减弱甚至消失。混凝土强度相同时，剪跨比越大，试件破坏模式逐渐由剪切破坏向弯曲破坏演变，跨中截面的剪切变形量逐渐减小，顶面与底面的竖向变形差异逐渐减小，截面越完整。当剪跨比相同时，混凝土强度越高，抗剪能力越强，剪切变形量越小，截面保持越完整，顶面与底面的竖向变形差异越小。因此，可以

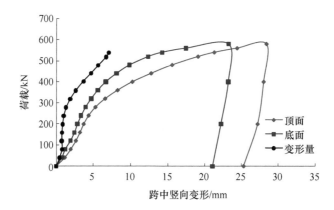

图 5-12 空钢管试件 P-ω_v 曲线

（剪跨为 20 mm, λ = 0.126）

看到图 5-13 中，C100 钢管混凝土试件，剪跨比达 0.755 时，试件顶面与底面 P-ω_v 曲线基本同步。

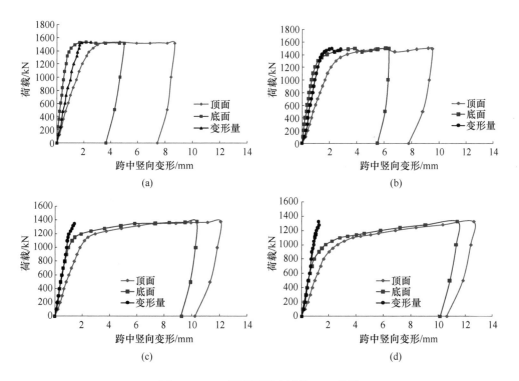

图 5-13 C60 钢管混凝土试件 P-ω_v 曲线

（a）剪跨为 20 mm, λ = 0.126；（b）剪跨为 60 mm, λ = 0.377；

（c）剪跨为 90 mm, λ = 0.566；（d）剪跨为 120 mm, λ = 0.755

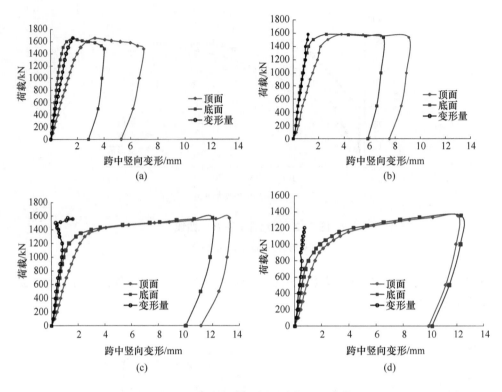

图 5-14 C80 钢管混凝土试件 $P\text{-}\omega_v$ 曲线

（a）剪跨为 20 mm，$\lambda = 0.126$；（b）剪跨为 60 mm，$\lambda = 0.377$；

（c）剪跨为 90 mm，$\lambda = 0.566$；（d）剪跨为 120 mm，$\lambda = 0.755$

图 5-16 为 C60、C80 和 C100 三种强度等级钢管混凝土试件以及空钢管试件的 $P\text{-}\omega_v$ 曲线对比。可以发现，与空钢管相比，钢管混凝土试件的抗剪刚度显著增强。另外，当混凝土强度一致时，随剪跨比 λ 增加，$P\text{-}\omega_v$ 曲线的初始斜率下降，试件抗剪刚度降低。同时，从图 5-17 中可以看到，剪跨比较小时（$\lambda =$

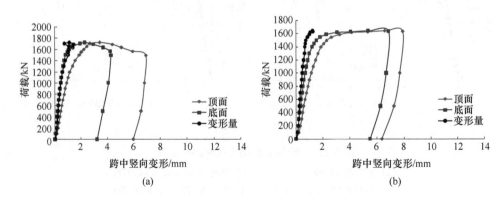

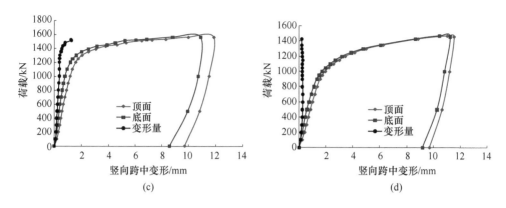

图 5-15 C100 钢管混凝土试件 P-ω$_v$ 曲线

(a) 剪跨为 20 mm, λ=0.126; (b) 剪跨为 60 mm, λ=0.377;
(c) 剪跨为 90 mm, λ=0.566; (d) 剪跨为 120 mm, λ=0.755

0.126），混凝土强度越高，P-ω$_v$ 曲线初始斜率越大，试件抗剪刚度越高。但随剪跨比增大，试件逐渐向受弯破坏发展，P-ω$_v$ 曲线初始斜率逐渐靠拢，混凝土强度对抗剪刚度的影响减弱，该趋势与第 4 章受弯构件的测试结果一致。

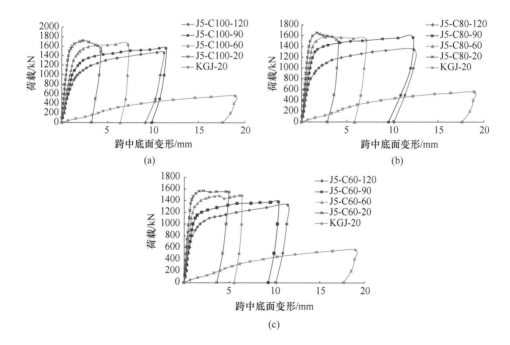

图 5-16 各试件 P-ω$_v$ 曲线对比

(a) C100; (b) C80; (c) C60

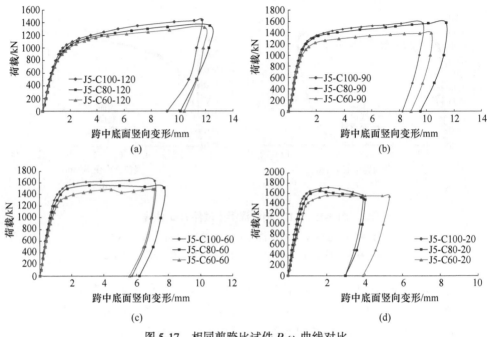

图 5-17　相同剪跨比试件 P-ω_{v} 曲线对比

（a）$\lambda=0.755$；（b）$\lambda=0.566$；（c）$\lambda=0.377$；（d）$\lambda=0.126$

5.3.3　截面应变分布与发展分析

　　实测空钢管试件的截面应变发展如图 5-18 所示。可见，荷载很小时，1—1 截面中部钢管环向受拉屈曲，说明空钢管中部最先发生局部屈曲；随后，试件中部与顶部纵向受拉屈曲，最后是底部受拉屈曲。且 1—1 截面底部应变与跨中 2—2 截面底部应变发展趋势一致。可见，空钢管试件破坏主要源于试件中部与顶部的局部屈曲，底部应力发展较慢。因而试件整体变形较小而局部压陷明显。

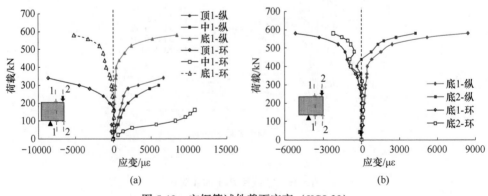

图 5-18　空钢管试件截面应变（KGJ-20）

（a）1—1 截面；（b）底部应变对比

C60、C80 和 C100 三种强度等级钢管混凝土试件，在不同剪跨比下的截面应变发展趋势基本一致，如图 5-19~图 5-24 所示。显然，钢管混凝土试件的受剪截面应变分布和发展趋势，与空钢管试件明显不同，没有出现中部截面应变先屈服的情况。由于各试件截面应变对称性较好，仅取左半部分进行分析。

图 5-19 为 C100 钢管混凝土试件剪跨比 $\lambda = 0.126$ 时截面应变发展状况。1—1 截面主要承受剪力，其截面顶部、中心与底部的纵、环向均为拉应变，且顶面纵向受拉先屈服，试件达到极限承载力后，底部与中心截面受拉相继屈服。对比 1—1 截面与跨中截面底部应变可以看到，1—1 截面底部拉应变较跨中底部拉应变大，剪力形成的拉应变比弯矩形成的拉应变大，试件主要受剪破坏，与宏观破坏形态一致。

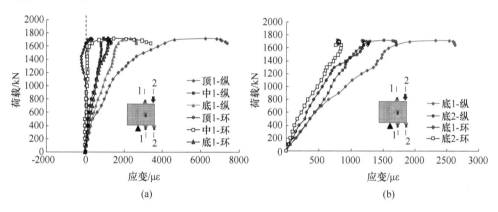

图 5-19　C100 试件 $\lambda = 0.126$ 时截面应变 （J5-C100-20）
（a）1—1 截面；（b）底部应变对比

图 5-20 为 C100 钢管混凝土试件剪跨比 $\lambda = 0.377$ 时截面应变情况。靠近支座的 1—1 截面，底部先出现受拉屈服；接近极限荷载时，截面中部受拉屈服；而整个加载过程其顶部有较小的压应变，明显较 2—2 截面顶部拉应变小。靠近加载点的 2—2 截面，顶部、中部与底部均受拉，顶部与底部压应力较同步，接近极限荷载时，截面几乎同时屈服。对比三个截面底部应变，如图 5-20（c）所示，2—2 截面与跨中 3—3 截面底部拉应变较同步，均小于 1—1 截面底部拉应变。可见，剪跨区失效主要源于 2—2 截面顶部到 1—1 截面底部产生的较大拉应变，试件破坏仍由剪力控制。

剪跨比 λ 增加到 0.566 时，C100 钢管混凝土试件截面应变情况如图 5-21 所示。1—1 截面与 2—2 截面，均为底部与中部纵向受拉而顶部受压，截面应力分布与受弯试件的截面分布类似，且底部受拉应变增长快而先屈服，随后中部受拉也进入屈服状态。2—2 截面顶部纵向压应变较 1—1 截面大，且 1—1 截面纵向压应变变化较小，而 2—2 截面顶部纵向压应在底部受拉屈服后迅速增长，接近极

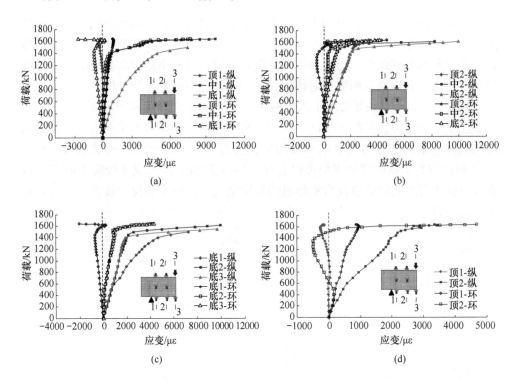

图 5-20 C100 试件 λ = 0.377 时截面应变 (J5-C100-60)

(a) 1—1 截面，支座截面；(b) 2—2 截面，加载点截面；(c) 底面应变对比；(d) 顶面应变对比

限荷载时又逐渐转变为压应变。另外，如图 5-21 (c) 所示，三个截面的底部纵向应变初期发展基本一致，随荷载增加，3—3 截面底部纵向受拉先屈服，随后依次是 2—2 截面与 1—1 截面；1—1 截面底部环向压应变较明显，且最终达到受压屈服，但 2—2 截面与 3—3 截面底部环向拉应变较小，试件接近极限荷载时环向拉应变有明显增加。1—1 截面顶部没有屈服，2—2 截面顶部在试件接近极限荷载时均受拉屈服。可见，此时试件已出现受弯破坏的应变分布特征。

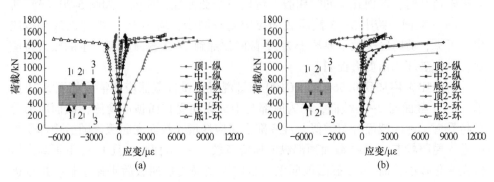

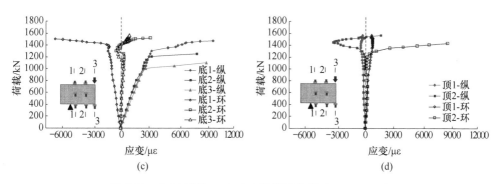

图 5-21　C100 试件 λ=0.566 时截面应变（J5-C100-90）

（a）1—1 截面，支座截面；（b）2—2 截面，加载点截面；（c）底面应变对比；（d）顶面应变对比

　　剪跨比 λ 增加到 0.755 时，C100 钢管混凝土试件截面应变情况如图 5-22 所示。可见，1—1 截面与 2—2 截面应变分布与剪跨比 λ=0.566 时的相比，更接近受弯构件的截面应变分布特征，底部与截面中部受拉、顶部受压，且 2—2 截面各部位的应变均达到屈服，而 1—1 截面顶部压应变没有达到屈服应变。另外，3—3 截面底部应变与 2—2 截面底部应变较同步。可见，试件截面应变与受弯试件基本一致，宏观破坏形态已表现出明显受弯破坏特征。

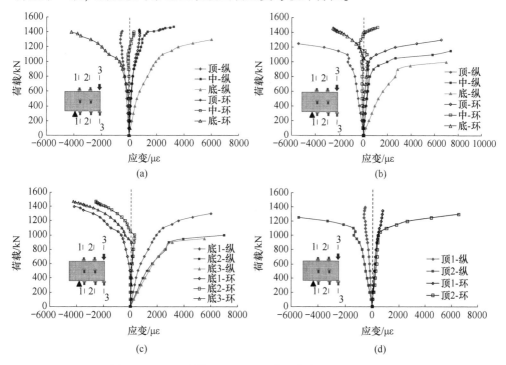

图 5-22　C100 试件 λ=0.755 时截面应变（J5-C100-120）

（a）1—1 截面，支座截面；（b）2—2 截面，加载点截面；（c）底面应变对比；（d）顶面应变对比

C80 钢管混凝土试件的截面应变如图 5-23～图 5-26 所示。

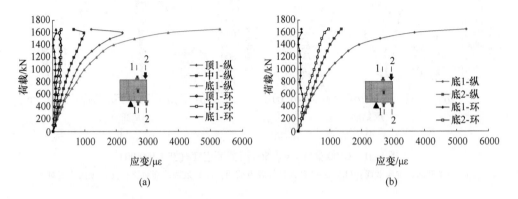

(a)　　　　　　　　　　　　　(b)

图 5-23　C80 试件 λ = 0.126 时截面应变（J5-C80-20）

（a）1—1 截面；（b）底面应变对比

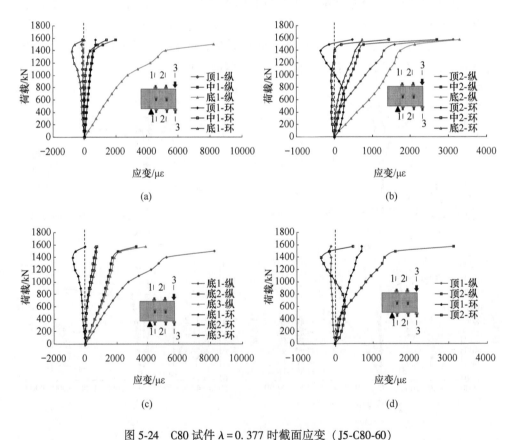

(a)　　　　　　　　　　　　　(b)

(c)　　　　　　　　　　　　　(d)

图 5-24　C80 试件 λ = 0.377 时截面应变（J5-C80-60）

（a）1—1 截面，支座截面；（b）2—2 截面，加载点截面；（c）底面应变对比；（d）顶面应变对比

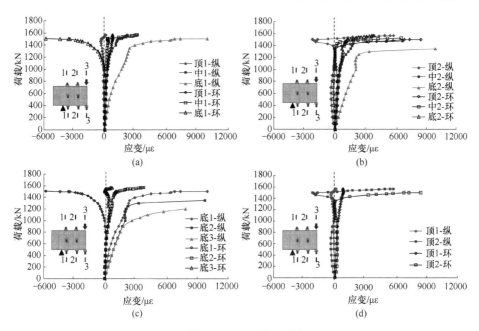

图 5-25 C80 试件 λ = 0.566 时截面应变 （J5-C80-90）

（a）1—1 截面，支座截面；（b）2—2 截面，加载点截面；（c）底面应变对比；（d）顶面应变对比

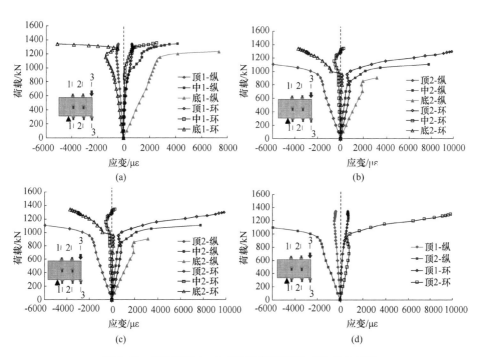

图 5-26 C80 试件 λ = 0.755 时截面应变 （J5-C80-120）

（a）1—1 截面，支座截面；（b）2—2 截面，加载点截面；（c）底面应变对比；（d）顶面应变对比

C60 钢管混凝土试件的截面应变如图 5-27~图 5-30 所示。

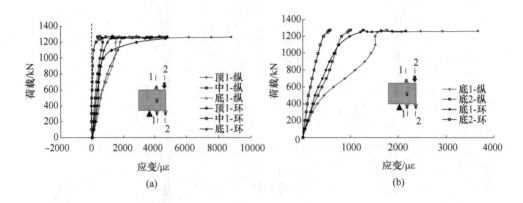

图 5-27 C60 试件 λ = 0.126 时截面应变（J5-C60-20）

（a）1—1 截面；（b）底面应变对比

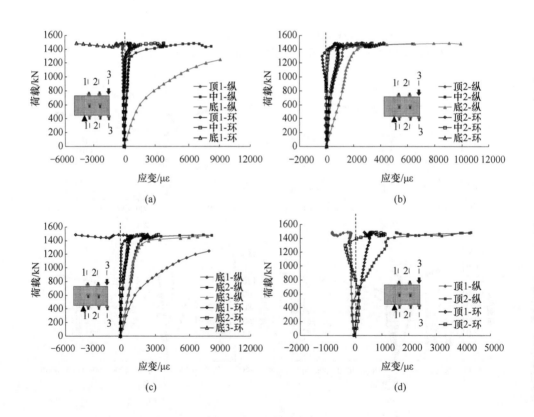

图 5-28 C60 试件 λ = 0.377 时截面应变（J5-C60-60）

（a）1—1 截面，支座截面；（b）2—2 截面，加载点截面；（c）底面应变对比；（d）顶面应变对比

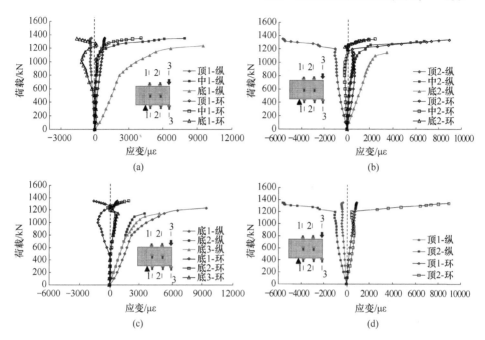

图 5-29 C60 试件 λ = 0. 566 时截面应变（J5-C60-90）

（a）1—1 截面，支座截面；（b）2—2 截面，加载点截面；（c）底面应变对比；（d）顶面应变对比

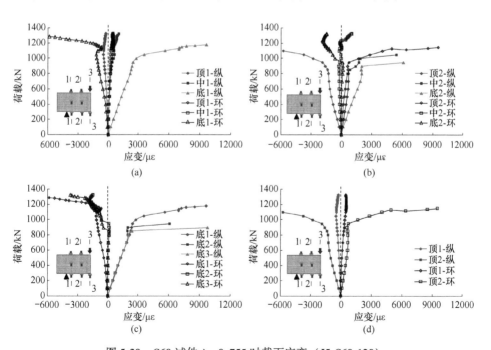

图 5-30 C60 试件 λ = 0. 755 时截面应变（J5-C60-120）

（a）1—1 截面，支座截面；（b）2—2 截面，加载点截面；（c）底面应变对比；（d）顶面应变对比

5.3.4 承载能力分析

试件受剪承载力测试结果如表 5-2 所示，由于钢管混凝土的受剪破坏模式与空钢管试件不同，其承载力较同类型空钢管试件显著提升。J5-C100-20 试件的受剪承载力 V_u 为 1575 kN，是空钢管试件 KGJ-20 抗剪承载力 V_s 与 C100 素混凝土试件 HJ-C100-20 承载力 V_c 之和 705 kN（$V_s + V_c = 520$ kN $+ 185$ kN $= 507$ kN）的 2.2 倍。

表 5-2 受剪承载力实测结果

试件编号	含钢率/%	钢材屈服强度/MPa	混凝土强度/MPa	剪跨比 λ	实测承载力/kN
HJ-C100-20	—	—	115.2	0.134	185
KGJ-20	13.87	426	—	0.126	520
J5-C60-20	13.87	426	80.3	0.126	1562
J5-C60-60	13.87	426	80.3	0.377	1440
J5-C60-90	13.87	426	80.3	0.566	1260
J5-C60-120	13.87	426	80.3	0.755	1145
J5-C80-20	13.87	426	95.9	0.126	1655
J5-C80-60	13.87	426	95.9	0.377	1550
J5-C80-90	13.87	426	95.9	0.566	1400
J5-C80-120	13.87	426	95.9	0.755	1230
J5-C100-20	13.87	426	115.2	0.126	1720
J5-C100-60	13.87	426	115.2	0.377	1620
J5-C100-90	13.87	426	115.2	0.566	1430
J5-C100-120	13.87	426	115.2	0.755	1250

由表 5-2 还可以看到，C60、C80 与 C100 三种强度等级钢管混凝土试件的受剪承载力随剪跨比增加而下降。其降低趋势如图 5-31 所示，剪跨比较小时（λ≤0.377），承载力降低较小，剪跨比越大，承载力降低越明显。主要因为，剪跨比较小时，试件呈剪切破坏，主要受剪力控制；而剪跨比增加到一定程度后（λ≥

0.566），试件转变为受弯破坏，主要受弯矩控制，因此，此时剪跨比越大，承载力越低。另外，如图 5-32 所示，钢管混凝试件的受剪承载力还与混凝土强度有关，混凝土强度越高，试件抗剪承载力越高。同样的，主要是由于剪跨比增加，试件破坏逐渐由受剪控制演变为受弯控制，因而混凝土强度对承载力的影响逐渐减弱。

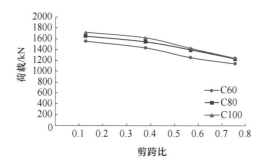

图 5-31　剪跨比对承载力影响

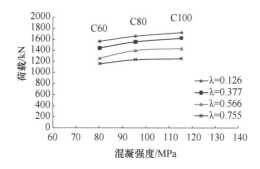

图 5-32　混凝土强度对承载力影响

5.3.5　抗剪承载力计算方法探讨

根据试验测试结果，剪跨比 $\lambda \leqslant 0.377$ 时，试件呈剪切破坏，因此讨论抗剪承载力时只取剪跨比 $\lambda = 0.126$ 与 $\lambda = 0.377$ 的试件进行计算。分别采用 JTG/T D65-06—2015 规范提出的方法 [式 (5-1)][8]、钟善桐计算方法 [式 (5-2)][2] 计算超高强钢管混凝土的抗剪承载力，并与实测承载力 V_{ue} 对比，如表 5-3 所示，表中 V_{uc}^1、V_{uc}^3 与 V_{uc}^2、V_{uc}^4 分别为采用材料设计值与实测值计算结果，组合应力 f_{sc} 采用本项目提出的计算方法，按式 (2-4) 计算。

$$V \leqslant \gamma_v A_{sc} \tau_{sc}$$

$$\tau_{sc} = (0.422 + 0.313\alpha_s^{2.33})\xi_0^{0.134}f_{sc}$$

$$\gamma_v = \begin{cases} 0.85 & \xi \geqslant 0.85 \\ 1.0 & \xi < 0.85 \end{cases} \qquad (5\text{-}1)$$

$$V \leqslant \gamma_v A_{sc}\tau_{sc}$$

$$\tau_{sc} = (0.422 + 0.313\alpha_s^{2.33})\xi_0^{0.134}f_{sc}$$

$$\gamma_v = -0.2953 + 1.2981\sqrt{\xi_0} \qquad (5\text{-}2)$$

采用规范计算方法 [式 (5-1)] 计算时，实测承载力 V_{ue} 与按材料设计值计算的承载力 V_{uc}^1 之比 V_{ue}/V_{uc}^1 在 2.07~2.95，安全系数较高，但是其受混凝土强度影响较大，混凝土强度越高，安全系数越小。实测承载力 V_{ue} 与按材料实测值计算的承载力 V_{uc}^2 之比 V_{ue}/V_{uc}^2 在 1.18~1.66，该比值受混凝土强度影响较大，混凝土强度越高，该比值越小，而混凝土强度越低，该比值越大。总体来讲，相同含钢率情况下，管内混凝土强度越高，试件的延性越小，而规范公式计算结果显示，混凝土强度越高，构件安全系数反而越低，且极限承载力计算值与实测极限承载力差异越小。可见，规范公式对不同强度等级钢管混凝土的承载力计算差异大，适应性差。

采用钟善桐计算方法 [式 (5-2)] 计算时，实测承载力 V_{ue} 与按材料设计值计算的承载力 V_{uc}^3 之比 V_{ue}/V_{uc}^3 在 2.03~2.17，安全系数较高且各试件差别较小。实测承载力 V_{ue} 与按材料实测值计算的承载力 V_{uc}^4 之比 V_{ue}/V_{uc}^4 在 1.31~1.45，可见，式 (5-2) 计算结果较式 (5-1) 更稳定，对不同强度等级钢管混凝土的适应性更好。因此，推荐采用式 (5-2) 计算超高强钢管混凝土的抗剪承载力。

表 5-3 抗剪承载力实测值与计算值比较

试件编号	λ	V_{ue} /kN	式 (5-1)		V_{ue}/V_{uc}^1	V_{ue}/V_{uc}^2	式 (5-2)		V_{ue}/V_{uc}^3	V_{ue}/V_{uc}^4
			V_{uc}^1	V_{uc}^2			V_{uc}^3	V_{uc}^4		
J5-C60-20	0.126	1562	529	940	2.95	1.66	731	1097	2.14	1.42
J5-C60-60	0.377	1440	529	940	2.72	1.53	731	1097	1.97	1.31
J5-C80-20	0.126	1655	600	1042	2.76	1.59	762	1139	2.17	1.45
J5-C80-60	0.377	1550	600	1042	2.58	1.49	762	1139	2.03	1.36
J5-C100-20	0.126	1720	783	1371	2.20	1.25	790	1189	2.18	1.45
J5-C100-60	0.377	1620	783	1371	2.07	1.18	790	1189	2.05	1.36

5.4 本章结论

本章进行了 12 个超高钢管混凝土模型试件、2 个空钢管试件与 2 个 C100 素混凝土试件的受剪试验，研究了剪跨比、混凝土强度对超高强钢管混凝土受剪承载力、破坏形态、截面应变分布与发展规律的影响，并对比了超高强钢管混凝土与素混凝土、空钢管试件的受剪性能的差异，结论如下。

（1）受剪破坏形态：1）素混凝土受剪，沿中间截面被剪成两半，断口整齐。2）空钢管试件受剪，主要表现为侧边鼓屈、顶部剪切压陷，截面由圆形变化为"桃心"形，完整性差。3）超高强钢管混凝土受剪：剪跨比较小时（$\lambda \leq 0.377$），主要为剪切破坏，支座与加载处剪切压痕明显，侧边无鼓屈，圆形截面保持较好；剪跨比较大时（$\lambda \geq 0.566$），剪切压减弱并逐渐消失，弯曲变形特征逐渐明显，主要表现为弯曲破坏。

（2）由荷载-跨中竖向变形曲线（P-ω_v 曲线）可知：1）空钢管试件跨中截面顶部竖向变形明显大于底部，截面完整性较差。2）超高强钢管混凝土试件的跨中截面顶部竖向变形与底部也不一致，但总体来看，变形差明显较小空钢管试件小，截面稳定性较好，且随混凝强度增加、剪跨比增加，差异逐渐减小甚至消失。3）由于破坏模式不同，超高强钢混凝土的抗剪刚度较空钢管试件显著提升，抗剪承载力也显著增强。

（3）由空钢管试件截面应变分析与发展规律可知：空钢管试件受剪，跨中截面中部环向受拉先屈服，随后顶面环向受压屈服，最后底部受拉屈服，因此，空钢管的破坏始于中部与顶部的局部屈曲，整体弯曲变形较小。

（4）由超高强钢管混凝土试件截面应变分析与发展规律可知：1）剪跨比较小时（$\lambda = 0.126$），支座截面顶部、中心与底部的纵、环向均为拉应变，且顶面纵向受拉先屈服，且支座截面较跨中截面底部拉应力大，试件表现明显的剪切破坏特征。2）剪跨比适中时（$\lambda = 0.377$），试件破坏源自支座截面底部到跨中截面顶部的斜截面区域受拉，受剪破坏特征也较明显。3）剪跨比较大时（$\lambda \geq 0.566$），跨中截面与支座截面均顶部受压、底部受拉，且跨中截面底部先受拉屈服，与受弯构件的截面应变分布和发展规律一致。

（5）混凝土的填充改变了空钢管的受剪破坏模式，保证了截面的完整性。钢管约束作用也显著提高了混凝土的抗剪强度。C100 超高强钢管混凝土的抗剪承载力约为空钢管试件与 C100 素混凝土试件承载力之和的 2.2 倍。

（6）超高强混凝土的抗剪承载力与剪跨比和混凝土强度有关：1）超高强钢管混凝土的抗剪承载力随剪跨比增加而降低，尤其是剪跨比 $\lambda \geq 0.566$ 后，降低更加明显，因为此时试件的破坏形态已发生改变，主要以受弯破坏为主。2）混凝土强度越高，试件抗剪承载力越高，且剪跨比越大，混凝土强度对试件抗剪承载力的影响减弱。3）对比了 JTG/T D65-06-2015 规范方法与钟善桐计算方法，计算超高强钢管混凝土抗剪承载力的适用性，其中采用钟善桐计算方法是，实测抗剪承载力与按材料设计值计算的承载力之比在 2.03~2.17，安全系数较高且各试件差别较小；实测承载力与按材料实测值计算的承载力之比在 1.31~1.45，对不同强度等级钢管混凝土的适应性更好。因此，推荐采用钟善桐公式计算超高强钢管混凝土的抗剪承载力。

参 考 文 献

［1］ 陈宝春，牟延敏，陈宜言，等．我国钢-混凝土组合结构桥梁研究进展及工程应用［J］．建筑结构学报，2013（34）：1-10.

［2］ 钟善桐．钢管混凝土统一理论：理论与应用［M］．北京：清华大学出版社，2006.

［3］ 蔡绍怀．现代钢管混凝土结构（修订版）［M］．北京：人民交通出版社，2007.

［4］ 陈宝春．钢管混凝土拱桥［M］．2版．北京：人民交通出版社，2007.

［5］ 韩林海，杨有福．现代钢管混凝土结构技术［M］．北京：中国建筑工业出版社，2007.

［6］ GB 50923-2013 钢管混凝土拱桥技术规范［S］．北京：中国计划出版社，2013.

［7］ GB-50936-2014 钢管混凝土结构技术规范［S］．北京：中国建筑工业出版社，2014.

［8］ JTG/T D65-06—2015 公路钢管混凝土拱桥设计规范［S］．北京：人民交通出版社，2015.

［9］ 谢邦珠，庄卫林，蒋劲松，等．钢管混凝土劲性骨架成拱技术的兴起和发展［C］//第二十一届全国桥梁学术会议论文集，2014：19-22.

［10］ 周源，王戈．强劲骨架在钢管混凝土劲性骨架拱桥中的应用［J］．山西交通科技，2019，（3）：65-69，83.

［11］ 牟延敏，庄卫林，范碧琨，等．钢管混凝土组合高墩技术［C］．青岛海湾大桥国际桥梁论坛论文集，2008：199-207.

［12］ 王鼓林．黑石沟特大桥钢管混凝土叠合柱施工技术［J］．西南公路，2011（4）：116-132.

［13］ Zhang F R, Wu C Q, Zhao X L, et al. Experimental study of CFDST columns infilled with UHPC under close-range blast loading［J］. International Journal of Impact Engineering, 2016（1）：184-195.

［14］ Ibañeza C, Romerob M L, et al. Ultra-high strength concrete on eccentrically loaded slender circular concrete-filled dual steel columns［J］. Structures, 2017（12）：64-74.

［15］ 张海镇．内置 FRP-UHPC 芯柱的钢管混凝土组合柱轴压力学性能研究［D］．西安：西安建筑科技大学，2017.

［16］ 蒲心诚．超高强高性能原理·配制·结构·性能·应用［M］．重庆：重庆大学出版社，2004.

［17］ Zhou X J, Mou T M, Fan B K, et al. Experimental study on ultra-high strength concrete filled steel tube short columns under axial load［J］. Advances in Materials Science and Engineering, 2017（1）：1-9.

［18］ 苗强．C100 超高强自密实微膨胀钢管混凝土的研究［D］．武汉：武汉理工大学，2014.

［19］ 项海帆．中国桥梁：期待高性能材料［J］．桥梁，2016（4）：14-15.

［20］ 谭克锋，蒲心诚．钢管超高强混凝土力学性能的研究［J］．东南大学学报，1999，29（4）：127-131.

［21］ 谭克锋，蒲心诚，蔡绍怀．钢管超高强混凝土的性能与极限承载能力的研究［J］．建筑结构学报，1999，20（1）：10-15.

［22］ 谭克锋．钢管超高强混凝土的强度及本构关系预测［J］．四川大学学报，2003，35（4）：10-13.

[23] 熊明祥, Richard L J Y. 高层建筑中高强钢管混凝土的设计研究 [J]. 建筑结构, 2015, 45 (11): 37-42.

[24] Xiong M X, Xiong D X, Richard L J Y. Axial performance of short concrete filled steel tubes with high-and ultra-high-strength materials [J]. Engineering Structures, 2017 (136): 494-510.

[25] Portoles J M, Romero M L, Bonet J L, et al. Experimental study of high strength concrete-filled circular tubular columns under eccentric loading [J]. Journal of Constructional Steel Research, 2011, 67: 623-633.

[26] Tao Z, Han L H, Wang D Y. Strength and ductility of stiffened thin-walled hollow steel structural stub columns filled with concrete [J]. Thin-Walled Structures, 2008 (46): 1113-1128.

[27] 谭克锋, 曹青. 钢管混凝土加载过程中横向变形及增强机理的研究 [J]. 西南科技大学学报, 2007, 22 (4): 25-29.

[28] Richard L J Y, Xiong D X. Experimental investigation on tubular columns infilled with ultra-high strength concrete [C]//Tubular structures Ⅷ. Boca Raton: Crc Press-Taylor& Francis Group; 2011: 637-645.

[29] Richard L J Y, Xiong D X. Ultra-high strength concrete filled composite columns for multi-storey building construction [J]. Advances in Structural Engineering, 2012, 15 (9): 1487-1503.

[30] 丁发兴, 余志武. 圆钢管混凝土轴压短柱受力机理影响因素分析 [J]. 铁道科学与工程学报, 2006, 3 (1): 6-11.

[31] 丁发兴. 圆钢管混凝土结构受力性能与设计方法研究 [D]. 长沙: 中南大学, 2006.

[32] 田志敏, 张想柏, 冯建文, 等. 钢管超高性能 RPC 短柱的轴压特性研究 [J]. 地震工程与工程振动, 2008, 28 (1): 99-107.

[33] 卢亦焱, 陈娟, 李杉. 钢管钢纤维高强混凝土短柱轴心受压试验研究 [J]. 建筑结构学报, 2011, 32 (10): 166-172.

[34] 陈娟. 钢管钢纤维高强混凝土柱的基本力学性能研究 [D]. 武汉: 武汉大学, 2008.

[35] 周孝军, 牟廷敏, 宋广, 等. 钢管钢纤维高强混凝土短柱轴压力学性能试验研究 [J]. 建筑结构, 2020, 50 (5): 130-134.

[36] 杨吴生. 钢管活性粉末混凝土力学性能及其极限承载力研究 [D]. 长沙: 湖南大学, 2003.

[37] 张静. 钢管活性粉末混凝土短柱轴压受力性能试验研究 [D]. 福州: 福州大学, 2003.

[38] 林震宇. 圆钢管 RPC 轴压柱受力性能研究 [D]. 福州: 福州大学, 2004.

[39] 冯建文. 钢管活性粉末混凝土柱的力学性能研究 [D]. 北京: 清华大学, 2008.

[40] 罗华. 钢管活性粉末混凝土柱受压性能试验与理论研究 [D]. 北京: 北京交通大学, 2015.

[41] 杨国静. 钢管 RPC 柱轴压受力性能和极限承载力试验研究 [D]. 北京: 北京交通大学, 2013.

[42] 闫志刚, 张武奇, 安明喆. 圆钢管 RPC 短柱轴心受压极限承载力分析 [J]. 北京工业大学学报, 2011, 37 (3): 361-367.

［43］韦建刚，罗霞，欧智菁，等．圆高强钢管超高性能混凝土短柱轴压性能试验研究［J］.建筑结构学报，2020，41（11）：16-28.

［44］王彦博，宋辞，赵星源，等．高强圆钢管混凝土短柱轴压承载力试验研究［J］.建筑结构学报，2022，43（11）：221-234.

［45］曾志伟，黄永辉，陈碧静，等．高强钢管高强混凝土短柱轴压承载能力试验研究［J］.建筑结构，2022，52（18）：72-77.

［46］王玉银，张素梅．圆钢管高强混凝土轴压短柱剥离分析［J］.哈尔滨工业大学学报，2003，（8）：31-34.

［47］顾维平，蔡绍怀，等．钢管高强混凝土的性能与极限强度［J］.建筑科学，1991，（1）：23-27.

［48］韩林海．钢管高强混凝土构件基本力学性能及承载力的初步研究［J］.哈尔滨建筑大学学报，1996，29（2）：29-34.

［49］韩林海，等．钢管高强混凝土轴压力学性能的理论分析与试验研究［J］.工业建筑，1997，27（11）：39-44.

［50］贺峰，周绪红，等．钢管高强混凝土轴压短柱承载力性能的试验研究［J］.工程力学，2000，17（4）：61-66.

［51］柯晓军，陈宗平，应武挡，等．钢管高强混凝土柱轴压性能试验研究［J］.建筑结构，2014，44（16）：46-49.

［43］王力尚，钱稼茹．钢管高强混凝土柱轴向受压承载力试验研究［J］.建筑结构，2003，33（7）：46-49.

［53］张素梅，王玉银．圆钢管高强混凝土轴压短柱的破坏模式［J］.土木工程学报，2004，37（9）：1-10.

［54］王玉银，张素梅．圆钢管高强混凝土轴压短柱性能的试验研究［J］.哈尔滨工业大学学报，2004，36（12）：1646-1648.

［55］谢小松，林震宇，徐伟．圆钢管超高强混凝土应力-应变关系研究［J］.建筑材料学报，2007，10（4）：402-406.

［56］王玉银，张素梅．钢管混凝土轴压短柱性能三参数分析与计算［J］.哈尔滨工业大学学报，2007，29（2）：210-215.